高等学校测绘工程系列教材

数字测图与 GNSS测量实习教程

付建红 编

U0383739

WUHAN UNIVERSITY PRESS
武汉大学出版社

图书在版编目(CIP)数据

数字测图与 GNSS 测量实习教程/付建红编 . —武汉:武汉大学出版社,
2015.9
高等学校测绘工程系列教材
ISBN 978-7-307-16733-9

Ⅰ.数…　Ⅱ.付…　Ⅲ.①数字化测图—高等学校—教材　②卫星导
航—全球定位系统—测量—高等学校—教材　Ⅳ.①P231.5　②P228.4

中国版本图书馆 CIP 数据核字(2015)第 209605 号

责任编辑:黄汉平　　责任校对:李孟潇　　版式设计:马　佳

出版发行:**武汉大学出版社**　(430072　武昌　珞珈山)
(电子邮件:cbs22@whu.edu.cn 网址:www.wdp.com.cn)
印刷:湖北恒泰印务有限公司
开本:787×1092　1/16　印张:9.25　字数:225 千字
版次:2015 年 9 月第 1 版　　2015 年 9 月第 1 次印刷
ISBN 978-7-307-16733-9　　定价:20.00 元

前　言

　　"普通测量学"是高等学校测绘类专业的一门重要专业基础课程，教学内容以测绘大比例尺地形图作为主线，主要介绍地面普通测量中相关的基本概念、基本理论和方法。由于该课程实践性较强，因此与之相配套的实习课程是必不可少的。此外，随着全球卫星导航定位技术的发展和成熟，GNSS 测量技术已成为地面测量中一种重要的测量方法，在很多情况下可以替代普通的地面测量方法完成测量作业。使用 GNSS 测量技术进行测量工作，需要了解普通地面测量中的基本概念，有一定的测量学基础知识。基于以上目的，本教材针对"普通测量学"和"GNSS 测量与数据处理"集中实习而编写，以培养学生理论与实践相结合，实际操作仪器和动手解决问题的能力。

　　本教材内容包含两大部分，共分十章。前五章主要介绍普通测量学集中实习的内容，以测绘大比例尺数字地形图为目的，包括了水准测量实习，全站仪角度测量和距离测量实习，导线点的布设，图根控制测量，碎部点测量，数据的传输和地形图的内业绘制，介绍仪器操作方法、实习步骤，实习注意事项。后五章主要介绍利用 GNSS 测量技术进行控制网布设和利用 RTK 技术进行碎部测量的基本原理、操作方法、流程和步骤。前后两部分内容相互补充，普通测量学课程实习为 GNSS 课程实习打下很好的基础；反过来，GNSS 课程实习又为普通测量学实习提供了一种新的测量方法。使学生既掌握最基本的地面测量方法，又学习了新的测量技术。

　　本书在编写过程中得到了武汉大学遥感信息工程学院张丰、黄道远、刘敏、孙朝辉、李爱善等老师的指导，为教材编写提供了大量的实习经验。此外特别感谢王玥、艾明耀老师，以及潘励教授的大力支持和帮助。

　　由于编者水平有限，时间仓促，书中难免存在诸多错误和不妥之处，敬请读者批评指正。

编　者

2015 年 7 月

目　　录

4

第1章　数字测图实习概述

1.1　课程目的和意义

　　普通测量学是研究地球表面局部区域内测绘工作的基本理论、仪器和方法的科学，是测绘学的一个基础部分，是一门技术性很强的专业基础课，既有丰富的测绘理论，又有大量的实际操作技术，是遥感科学与技术专业、测绘工程专业、地图学与地理信息系统专业的必修课，同时也是土木工程、水利工程、城市规划等专业的基础课。与之相配套的"数字测图实习"主要培养学生掌握测量工作的基本流程和仪器操作技能，是整个教学过程中的必不可少的组成部分，是理论联系实际的具体体现。通过实习可以促进学生对理论知识的二次理解，解决理论教学中没有解决的一些问题，也能让学生获得感性认识、培养动手能力和解决实际问题的能力，对提高教学质量具有重要的意义，让学生将课堂教学中掌握的单个知识点通过具体的实习任务联系起来，形成知识体系。

1.2　实习内容

　　实习的内容主要是围绕如何测绘一幅大比例尺地形图而展开，随着测绘仪器的更新和测绘技术、计算机技术的发展，传统的"白纸测图"已基本被淘汰，取而代之的是"数字测图"，根据课堂理论教学知识，设定与之相对应的实习内容，以掌握小区域的大比例尺数字地形图的成图过程与测绘方法，具体包括：

　　（1）熟悉基本测量仪器（水准仪和全站仪）的构造和使用方法。

　　（2）施测2条，每条不少于8个控制点的经纬仪（附合或闭合）导线，包括控制点的选点、角度（水平角和竖直角）的观测、距离的观测和内业的计算。

　　（3）按四等水准测量要求施测一条约2.0km的水准路线（附合或闭合），水准路线要通过所选择的图根控制点，掌握四等水准测量的观测步骤，记录表格的填写、限差要求、平差计算。

　　（4）测绘一幅面积为150m×150m，比例尺1∶500的数字地形图，包括碎部点的观测，观测草图的绘制，数据的传输，使用测图软件编制地形图。

　　（5）了解国家测量标准或测量规范，以及大比例尺地形图图式的使用。

　　（6）完成水准仪 i 角的检验和检校。

　　（7）了解全站仪各轴系关系的检验与校正。

1.3　实习要求

（1）回顾课堂教学中相关的理论知识，明确实习目的、实习任务、具体要求、操作方法、步骤和注意事项，以保证按时、顺利完成实习内容。

（2）以5人左右作为一个小组为单位实习，推选其中一人为组长。实行组长负责制，组长负责协调关系，实习分工，控制实习进度与质量及仪器的管理等。小组成员之间以及与其他小组之间应相互团结、相互帮助、协同作业，遇到事情相互协商，解决不了的问题及时和指导教师联系。

（3）绝对保证人身和仪器安全。实习中人员不得离开仪器，要指定专人妥善保管，以杜绝仪器摔损事故的发生。每次出工和收工都要按仪器清单清点仪器和工具，检查仪器是否完好，造成仪器损坏者，须照价赔偿，并给予相应的处分。实习期间，注意集体行动，个人外出一定要请假，小组长要做好每天的出勤和实习情况的日记。实习中每位同学在行走、作业、测绘时，一定要注意车辆、行人、沟坎、电线等，加强自我保护意识。

（4）应将实习和课堂上课同等对待，严格遵守纪律和学校各规章制度，不得无故缺席、迟到或早退。按要求完成各项实习任务，结束后应提交相应的实习报告和实习成果。

（5）实习中遵循测量工作的一般原则，按"从整体到局部"、"先控制后碎部"、"由高级到低级"展开作业，并做到逐步检核，以防止发生错误。

（6）全站仪、水准仪器等都是精密的电子产品，使用过程中要注意爱护仪器，注意仪器的防晒、防雨、防撞。

（7）所有观测数据必须直接记录在规定的手簿中，不得使用任何其他纸张记录再行转抄。在记录手簿时，严禁擦拭、涂改，确保不伪造成果。

1.4　使用测量仪器注意事项

1.4.1　仪器的安置

使用普通地面测量仪器工作时，一般要将仪器安置在三脚架上进行观测，因此，应先放置好三脚架，然后安置仪器。

第一步放置三脚架。选择适当位置或某一特定点上放置三脚架，先将三条腿上的固定螺旋松开，根据个人身高拉开适当的长度，之后再将固定螺旋拧紧，操作时不可用力过大，以免造成螺旋滑丝。然后将三条腿分开适当的角度，如果角度过大容易滑开，同时影响观测，如果角度太小则导致架设不稳定，容易被碰倒。如果在斜坡上架设仪器，应使两条腿在坡下，一条腿在坡上；如果在光滑地面上架设仪器，要用绳子拉住三条腿，保证安全，防止脚架滑动；如果在松软的泥土地里架设仪器，要用力将三条腿踩入泥土，避免在观测过程中造成仪器下沉。

第二步安置仪器。打开仪器箱前将仪器箱正面朝上平稳放置在地面上，严禁托在手上或抱在怀里打开仪器箱。取出仪器时应一手紧握照准部支架或提手，另一手扶住基座部分，轻拿轻放，不要一只手拿仪器。将仪器放到三脚架上后，应立即旋紧三脚架中心螺旋。

注意：在安置仪器时由一人独立完成，禁止多人操作，避免在安置过程中相互指望造成中心螺旋未拧紧或三脚架安放不稳而摔坏仪器。

1.4.2 仪器的使用

仪器安置好之后，必须有专人看守，无论是否观测，都不允许离开仪器。观测时不允许将望远镜对准太阳，雨天禁止观测。操作仪器时要轻，不要用力过大或动作过猛。旋转仪器各部分螺旋要松紧适度。制动螺旋不要拧得太紧，微动螺旋和脚螺旋不要旋转至尽头，保证上下或左右调节都有一定的空间。当仪器和螺旋旋转不动或很吃力时，不要强行旋转，应立即停止操作，检查仪器，找出原因并采取适当措施。

当观测完一个测站需要搬迁到下一个测站时，应将仪器从三脚架上取下，装箱搬站，装箱时需将仪器各制动部件松开，使其处于可自由旋转状态，以免装箱时因强行扭转而损坏制动装置或破坏轴系关系。由于水准仪较轻，在短距离平坦地区搬站时，可以先将脚架收拢，然后一手抱脚架，一手扶仪器，保持仪器近直立状态搬站，严禁将仪器横扛在肩上迁移。

仪器在观测过程中，因受温度、湿度、沙尘、震动等影响，容易产生一些故障，但引起仪器故障的原因是多方面的，发现仪器出现故障时，应立即停止使用，尽快查明原因，送有关部门进行维修，绝对禁止擅自拆卸仪器，更不能强行"带病"使用，以免加剧损坏程度。

仪器使用完毕后，应用绒布或毛刷清除仪器表面灰尘。仪器被雨水淋湿后，切勿通电开机，应用干净软布擦干并在通风处放一段时间。作业前应仔细全面检查仪器，确定仪器各项指标、功能、电源、初始设置和改正参数均符合要求时再进行作业。使用激光仪器时（全站仪测距时发射光是激光），不能对准眼睛，并避免将物镜直接对准太阳。

第 2 章　水准测量实习

水准测量又名"几何水准测量"，是用水准仪和水准尺测定地面上两点间高差的方法。在地面两点间安置水准仪，观测竖立在两点上的水准标尺，按尺上读数推算两点间的高差。通常由水准原点或任一已知高程点出发，沿选定的水准路线逐站测定各点的高程。

2.1　水准测量的原理

水准测量是利用水准仪提供的水平视线，读取竖立在两点上的水准尺的读数，求得两点之间的高差，进而由其中一点的高程推算另外一点的高程。原理如图 2.1 所示，为得到 B 点的高程，首先求出 A、B 两点的高差 h_{AB}，在 A、B 两点上竖立带有分划的标尺——水准尺，在 A、B 两点之间安置可提供水平视线的仪器——水准仪。当视线水平时，在 A、B 两点上的标尺读数分别为 a 和 b，则 A、B 两点的高差等于两个标尺读数之差，即：

$$h_{AB} = a - b \qquad\qquad (2.1)$$

如果 A 点为已知高程的点，则待求点 B 点的高程为：

$$H_B = H_A + h_{AB} \qquad （高差法） \qquad (2.2)$$

读数 a 是在已知高程点上的水准尺读数，称为"后视读数"；b 是在待求高程点上的水准尺读数，称为"前视读数"。高差必须是后视读数减去前视读数。高差 h_{AB} 的值可能是正的，也可能是负的，正值表示待求点 B 高于已知点 A，负值表示待求点 B 低于已知点 A。

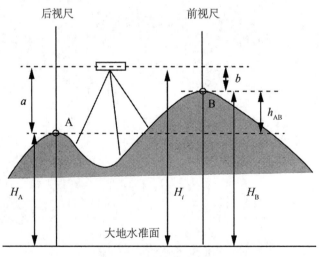

图 2.1　水准测量原理

此外，由图2.1可以看出，B点高程还可以通过仪器的视线高程 H_i 来计算，即：

$$H_i = H_A + a \qquad (2.3)$$
$$H_B = H_i - b \qquad （视线高法） \qquad (2.4)$$

采用式（2.2）和式（2.4）都可以将B点的高程计算得到，其实质是相同的。式（2.2）主要应用于水准路线的计算，从已知高程点开始，根据观测的高差，依次推算下一点的高程；而式（2.4）主要应用于对某面状区域内高程值的观测，首先利用某个已知高程点将仪器视线高确定下来，在仪器保持不动的情况下，观测得到仪器周围多个点的高程值。

2.2 水准测量的方法

当两点相距较远或高差太大时，则可分段连续进行，如图2.2所示，每一站的高差等于此站的后视读数减去前视读数，起点到终点的高差等于各段高差的代数和，也等于后视读数之和减去前视读数之和。通常要同时用 $\sum h$ 和 $(\sum a - \sum b)$ 进行计算，用来检核计算是否有误。

$$\left. \begin{aligned} h_1 &= a_1 - b_1 \\ h_2 &= a_2 - b_2 \\ &\vdots \\ h_n &= a_n - b_n \end{aligned} \right\} \qquad (2.5)$$

$$H_{AB} = \sum h = \sum a - \sum b \qquad (2.6)$$

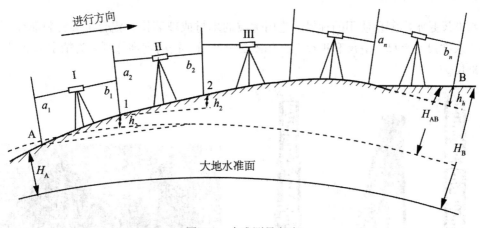

图2.2 水准测量方法

在观测过程中每安置一次仪器观测两点间的高差，称为测站。立标尺的点1、2称为转点，其特点是：①传递高程，转点上产生的任何差错，都会影响以后所有点的高程；②既有前视读数又有后视读数，它们在前一测站先作为待求高程的点，然后在下一测站再作为已知高程的点。

2.3 水准测量仪器

2.3.1 水准仪分类

水准仪是用于水准测量的主要设备，目前我国水准仪是按仪器所能达到的每千米往返测高差中数的偶然中误差这一精度指标进行划分，共分四个等级，如表2.1所示。

表2.1 水准仪系列分级及主要用途

水准仪型号	DS05	DS1	DS3	DS10
每千米往返测高差中数偶然中误差	≤0.5mm	≤1mm	≤3mm	≤10mm
主要用途	国家一等水准测量及地震监测	国家二等水准测量及其他精密水准测量	国家三、四等水准测量及一般工程水准测量	一般工程水准测量

表中"D"和"S"是"大地"和"水准仪"汉语拼音的第一个字母，通常在书写时可省略字母"D"，数字"05"、"1"、"3"和"10"表示该类仪器的精度。S3级和S10级水准仪称为普通水准仪，用于国家三、四等水准测量及普通水准测量，S05级和S1级水准仪称为精密水准仪，用于国家一、二等精密水准测量。

2.3.2 水准尺和尺垫

水准尺是水准测量使用的标尺，它用优质的木材或玻璃钢、铝合金等材料制作而成。常用的水准尺有直尺、塔尺和折尺等，如图2.3所示。按精度高低可分为精密水准尺和普通水准尺。

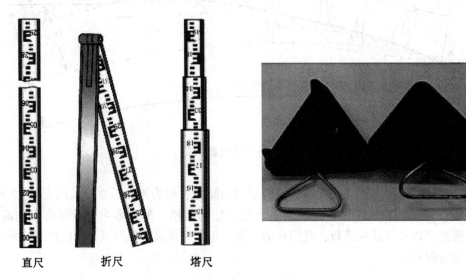

直尺　　折尺　　塔尺

图2.3 水准尺和尺垫

1. 普通水准尺

材料：用木料、铝材或玻璃钢制成。

结构：尺长多为 3 m，两根为一副，且为双面（黑、红面）刻画的直尺，每隔 1 cm 印刷有黑白或红白相间的分划。每分米处注有数字，一对水准尺的黑、红面注记的零点不同。黑面尺的底端从零开始注记读数，红面尺的底端从常数 4687 mm 或 4787 mm 开始，称为尺常数 K。即 $K_1 = 4.687$ m，$K_2 = 4.787$ m。

2. 精密水准尺

材料：框架用木料制成，分划部分用镍铁合金做成带状。

结构：尺长多为 3 m，两根为一副。在尺带上有左右两排线状分划，分别称为基本分划和辅助分划，格值 1 cm。这种水准尺配合精密水准仪使用。

3. 尺垫

尺垫由三角形的铸铁块制成，上部中央有突起的半球，下面有三个尖角以便踩入土中，使其稳定，如图 2.3 所示。使用时，将尺垫踏实，水准尺立于突起的半球顶部。当水准尺转动方向时，尺底的高程不会改变，主要用作转点使用。

2.4 自动安平水准仪的结构

用水准仪进行水准测量时，水平视线的获得是依据仪器上的水准器，即水准管的气泡居中时认为视线是水平的。而要保证气泡严格居中是非常困难的，同时对于提高水准测量的速度和精度也是很大的障碍。自动安平水准仪通过在光路中放置"光线补偿器"，保证了在十字丝交点上得到的读数与视线水平时候的读数相同。因此，这种水准仪没有水准管，操作时只需圆水准气泡居中即可，极大地缩短了水准测量的作业时间。在本次实习中，主要采用自动安平水准仪，其外形及主要部件名称如图 2.4 所示。

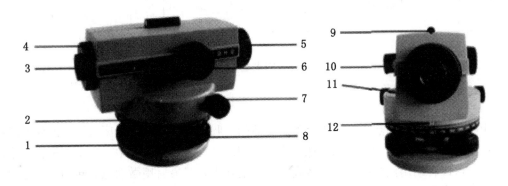

1. 球面基座；2. 度盘；3. 目镜；4. 目镜罩；5. 物镜；6. 调焦手轮；7. 水平循环微动手轮；
8. 脚螺丝手轮；9. 光学粗瞄准；10. 水泡观察器；11. 圆水准器；12. 度盘指示牌

图 2.4　自动安平水准仪

2.5 水准仪的使用

使用水准仪的基本操作包括安置水准仪、粗平、瞄准、精平和读数等步骤，由于自动安平水准仪没有水准管，可以不需要精平。

1. 安置水准仪

按1.4节所述方法将三脚架放置在观测点，并从仪器箱中取出水准仪安放在三脚架头上，拧紧中心螺旋。安置好之后，固定三脚架的两条腿，一手将另外一条腿前后左右摆动，一手扶住脚架顶部，眼睛同时注视圆水准气泡的移动，使其尽量往气泡中心移动。如果地面比较松软，则将三脚架三个脚踩实，使仪器稳定，然后分别松开三脚架腿上的固定螺旋，并进行升降操作，使气泡尽量靠近中心。

2. 粗平

粗平是用脚螺旋使圆水准气泡居中（在前一步的基础上，气泡已接近圆圈中心），从而使仪器的竖轴大致处于铅垂线位置。操作步骤如图2.5所示。图中1、2、3为三个脚螺旋，中间是圆水准器，实线表示气泡所在位置，虚线表示需要移动到的位置。首先用双手分别以相对或相向方向转动脚螺旋1、2，气泡移动方向与左手大拇指方向相同。如箭头所示，使气泡移动到两个脚螺旋1、2的中间（图2.5（a）），然后再转动第三个脚螺旋，使气泡向中心移动（图2.5（b）），最终结果如图2.5（c）所示。

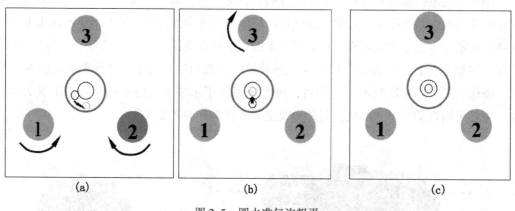

(a)　　　　　　　　　(b)　　　　　　　　　(c)

图2.5　圆水准气泡粗平

3. 瞄准

用望远镜瞄准目标前，先将十字丝调至清晰。瞄准目标应首先用望远镜上的外部瞄准器，在基本瞄准水准尺后，用制动螺旋将仪器制动。如果从望远镜中看到水准尺，但成像不清晰，可以转动调焦螺旋至影像清晰，注意消除视差。最后用微动螺旋转动望远镜使十字丝对准水准尺中间稍偏一点的位置，以便读数。

4. 精平

对于微倾式水准仪，读数前应使用微倾螺旋，通过观察符合棱镜使水准管气泡两端的影像符合成一个圆弧。自动安平水准仪则省去这一步骤。

5. 读数

　　仪器精平后即可在水准尺上读数。为了保证读数的准确性，提高读数速度，可以先看好估读数（毫米数），然后再将全部数据报出。一般习惯上报四位数字，即米、分米、厘米、毫米，最终单位以毫米为单位。如图 2.6 所示，左图读数 1466，右图读数 6253（右图尺底端起点 4787）。

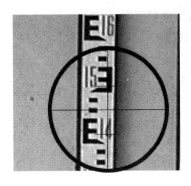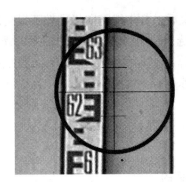

图 2.6　水准尺读数

2.6　水准仪 i 角检验

2.6.1　实习目的

　　（1）了解水准仪观测满足的主要条件，水准测量的仪器误差（i 角误差）。
　　（2）掌握水准仪 i 角的检验方法和步骤。

2.6.2　仪器设备

　　（1）自动安平水准仪 1 台。
　　（2）3m 双面水准尺 1 幅。
　　（3）三脚架 1 个、记录板 1 块、皮尺 1 把。

2.6.3　实施方法及步骤

　　（1）实习时在一平坦地面选择相距 100~150m 的两固定点 A、B，并用皮尺找到 A、B 的中点。
　　（2）在中点处安置水准仪，仪器精平后，在 A、B 两点竖立水准尺，记下读数 a_1、b_1，此时计算出的 A、B 之间的高差（$h_{AB} = a_1 - b_1$）不受 i 角误差的影响，为确保观测的可靠性，可采用两次仪器高或红黑双面尺观测两次，如果两次结果相差不超过 3mm，则取平均值作为 A、B 两点之间真实的高差。
　　（3）将水准仪搬迁到 AB 延长线上（距 B 点 3~5m），再次观测 A、B 两点上水准尺的读数，记为 a_2、b_2，同时计算得 A、B 高差（$h'_{AB} = a_2 - b_2$）。
　　（4）如果 $h_{AB} = h'_{AB}$，则表明水准管轴平行于视准轴，否则，说明仪器存在 i 角误差，

如果 i 角超过 $\pm20''$，则需要进一步校正，i 角的计算公式如下，其中 S_{AB} 为 AB 两点之间的距离，ρ'' 为 1 弧度所对应的秒角值，$\rho''=206265''$。

$$i = \frac{h'_{AB} - h_{AB}}{S_{AB}} \cdot \rho''$$

2.6.4　提交成果

实习结束后，各小组需向指导教师提交以下资料：
（1）所选检验场的基本情况，原始的观测数据。
（2）计算出的 i 角大小，给出 i 角是否需要校正的结论。
（3）对水准仪 i 角检验的方法和流程进行总结。

2.7　普通水准测量实习

2.7.1　实习目的

（1）实践水准测量的基本原理，加深对理论知识的理解。
（2）认识自动安平水准仪各部件的名称，掌握安置水准仪的步骤。
（3）实习普通水准测量的观测、记录和高差计算。

2.7.2　仪器设备

（1）自动安平水准仪 1 台。
（2）3m 双面水准尺 1 幅。
（3）三脚架 1 个、记录板 1 块。

2.7.3　实施方法及步骤

（1）先由指导教师讲解仪器各部件名称、功能、操作方法，以及安置水准仪的详细步骤，然后各小组分别练习。
（2）练习时选择地面相距约 100m 的两固定点进行高差测量，1 人观测，1 人记录，2 人立尺，进行 2 次不同测量后轮换。
（3）记录员要准确记录观测数据，及时计算出高差，两次所测高差之差不超过 ±3mm，同一小组内成员观测的高差不超过 ±5mm，误差超限后应重新观测。
（4）数据记录，按表 2.2 记录观测数据，并计算高差，实习结束后将表格上交给指导教师。

表 2.2　　　　　　　　　　普通水准测量记录手簿

观测员	点号	后视读数	前视读数	高差
张三	D01	1631		1.284
	D07		0347	

10

观测员	点号	后视读数	前视读数	高差

2.7.4 注意事项

（1）注意爱护仪器，按操作步骤进行，不得迟到、早退。

（2）选择的两地面点要有明显标志，易于放置水准尺，水准仪尽量安置在两点中间，使前后视距大致相等，观测时注意消除视差。

（3）实习结束后上交观测资料（原始观测数据），清理仪器并有序归还。

2.8 四等水准测量实习

2.8.1 实习目的

（1）掌握四等水准测量的观测顺序、数据记录，计算方法。

（2）熟悉四等水准测量的观测限差，掌握测站及水准路线观测数据的检核方法。

2.8.2 仪器设备

（1）自动安平水准仪 1 台。

（2）3m 双面水准尺 1 对、尺垫 2 个。

（3）三脚架 1 个、记录板 1 块。

2.8.3 实施方法及步骤

（1）由各小组长在地面选一固定点作为起点，观测一条闭合水准路线，长度不小于 1km，观测时 1 人观测，1 人记录，2 人立尺，观测 2 站后轮换。

（2）每个测站上的观测顺序为：

➤ 照准后视尺黑面，依次读取视距丝、中丝读数；

➤ 照准前视尺黑面，依次读取中丝、视距丝读数；

➤ 照准前视尺红面，读取中丝读数；

➤ 照准后视尺红面，读取中丝读数。

观测顺序简称为：后前前后黑黑红红，也可以按后后前前黑红黑红的顺序观测。

（3）记录员要准确记录观测数据，并及时计算出：视距、前后视距差、前后视距差累计、黑红面读数差、黑红面高差之差，检核观测是否满足要求，误差超限后应重新观测。各项观测限差如表 2.3 所示。

表 2.3

视线长度	前后视距差	前后视距差累计	黑红面读数差	黑红面高差之差	高程闭合差
≤80m	≤5m	≤10m	≤3mm	≤5mm	$\leqslant 20\sqrt{L}$

（4）数据记录和计算。按表 2.4 记录观测数据，并计算有关限差，实习结束后将表格上交给指导教师。

表 2.4　　　　　　　　　　　　　　四等水准测量记录手簿

测站编号	后尺	下丝	前尺	下丝	方向及编号	标尺读数		K+黑 -红	高程中数	备注
		上丝		上丝		黑面	红面			
	后距		前距							
	视距差		视距差累计							
	（1）		（5）		后	（3）	（8）	（10）		
	（2）		（6）		前	（4）	（7）	（9）		
	（12）		（13）		后-前	（16）	（17）	（11）	平均	
	（14）		（15）							
1	1571		0739		后 5	1384	6171	0		
	1197		0363		前 6	0551	5239	−1		
	374		376		后-前	+0833	+932	+1	+832.5	
	−0.2		−0.2							

表中（1）～（8）为直接观测得到，而其余数据由记录员计算得到。计算公式如下：

观测限差的计算：

（9）＝（4）+K_1-（7）；

（10）＝（3）+K_2-（8）；

（11）＝（10）-（9）；

（10）和（9）分别为后、前标尺的黑、红面读数差，K_1，K_2 为水准尺红面的底端起点，读数一般为 4687 mm 和 4787 mm，在观测过程中，由于两水准尺交替前进，所以要注意水准尺对应的常数值。（11）为黑、红面所测的高差之差。

高差的计算：

（16）＝（3）-（4）=$h_黑$

（17）＝（8）-（7）=$h_红$

（16）为黑面所得高差，（17）为红面所得高差。由于两个水准尺的红面底端起点不同，所以（16）和（17）不相等，一般相差±100mm，这也可以作为观测值是否有错误的一次检核，即：

（11）=（16）−（17）±100

视距部分的计算：

（12）=（1）−（2）

（13）=（5）−（6）

（14）=（12）−（13）

（15）=本站（14）+前站（15）

最后的高差由黑面高差和红面高差取平均值，由于一对水准尺的红面底端起点不同，（16）和（17）不相等，所以在取平均值的时候以黑面高差为准，将红面高差±100mm。

$$h_{中} = \left[（16）+（17）±100\right]/2$$

2.8.4 注意事项

（1）注意爱护仪器，按操作步骤进行，不得迟到、早退。

（2）每人至少观测、记录各2站。

（3）严格遵守作业规定，误差超限时应重测。

（4）总测站数应为偶数。要用步测使前后视距大致相等，施测中注意调整前后视距，使视距累计差不超限。

（5）各项指标合格，水准路线闭合差在容许范围内方可收测。

（6）实习结束后上交四等水准测量观测手簿，清理仪器并有序归还。

2.9 水准测量观测数据处理

2.9.1 数据预处理

一条水准路线观测完成后，要对观测数据按测段（需要确定高程的两个水准点之间的水准路线）进行整理，将每个测段包含的所有测站的高差求和，视距求和。如图2.7所示，从A点到B点为观测的一条水准路线，1，2，…，n为所要确定水准高程的高程点，则A到1，1到2，2到3，3到4，4到B分别各为一个测段。而在任何一个测段中都有若干测站，预处理就是将一个测段中若干测站的高差求和，视距求和。

总视距 = $\sum（12）+ \sum（13）$

总高差 = $\sum h_{中}$

图2.7 水准路线

2.9.2 近似平差计算

水准测量近似平差计算的目的是检查外业观测成果的质量，经过各项改正计算消除观测数据中的系统误差。处理偶然误差，计算出高差的平差值和各待定点平差后的高程值，并对观测精度进行评定，计算出附合或闭合水准路线闭合差、高差中误差、高程中误差。实习中要求布设一条单一附合或闭合水准路线，这两种水准路线的计算方法是基本一样的。以下以闭合水准路线的计算过程为例进行说明。如图2.8所示为一条闭合水准路线，各测段观测的高差数据为 $h_{A1} = +1.652\text{m}$，$h_{12} = -1.371\text{m}$，$h_{23} = +1.551\text{m}$，$h_{3A} = -1.712\text{m}$；各测段观测的距离数据为 $S_{A1} = 1.2\text{km}$，$S_{12} = 0.8\text{km}$，$S_{23} = 1.5\text{km}$，$S_{3A} = 0.6\text{km}$。已知点A的高程 $H_A = 85.164\text{ m}$。平差计算各点高程，并进行精度评定。

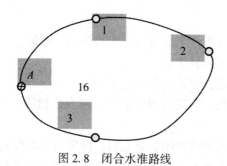

图2.8 闭合水准路线

计算步骤如下：

（1）计算高程闭合差：$f_h = \sum h = 1.652 - 1.371 + 1.551 - 1.712 = 0.12\text{m}$；

（2）计算水准路线总长：$L = \sum S = 1.2 + 0.8 + 1.5 + 0.6 = 4.1\text{km}$；

（3）判断闭合差是否超限：$f_h \leq f_容 = 20\sqrt{L} = 40\text{mm}$；

（4）给定各测段观测高差之权：$P_i = \dfrac{1}{S_i}$

$$P_1 = \frac{1}{1.2} = 0.83, \quad P_2 = \frac{1}{0.8} = 1.25, \quad P_3 = \frac{1}{1.5} = 0.67, \quad P_4 = \frac{1}{0.6} = 1.67$$

（5）计算各测段高差改正数：$v_i = -\dfrac{S_i}{L} \times f_h$

$$v_1 = -\frac{1.2}{4.1} \times 12 = -35\text{mm}, \quad v_2 = -\frac{0.8}{4.1} \times 12 = -23\text{mm}$$

$$v_3 = -\frac{1.5}{4.1} \times 12 = -44\text{mm} \quad v_4 = -\frac{0.6}{4.1} \times 12 = -18\text{mm}$$

（6）检查改正数 $\sum v = -f_h$；

（7）计算各测段改正后的高差：$\overline{h}_i = h_i + v_i$

$$\overline{h}_1 = 1.652 - 0.035 = 1.617$$

$$\overline{h}_2 = -1.371 - 0.023 = -1.394$$

$\bar{h}_3 = 1.551 - 0.044 = 1.507$

$\bar{h}_4 = -1.712 - 0.018 = -1.730$

(8) 计算待求点高程值：

$H_1 = H_A + \bar{h}_1 = 85.164 + 1.617 = 86.781$

$H_2 = H_1 + \bar{h}_2 = 86.781 - 1.394 = 85.387$

$H_3 = H_2 + \bar{h}_3 = 85.387 + 1.507 = 86.894$

(9) 精度评定：

单位权中误差 $m_0 = \sqrt{\dfrac{[PVV]}{n-t}} = \sqrt{\dfrac{3516}{4-3}} = 59\text{mm}$

各高程点的权 $P_{H_1} = \dfrac{1}{1.2} + \dfrac{1}{0.8 + 1.5 + 0.6} = 1.17$

$P_{H_2} = \dfrac{1}{1.2 + 0.8} + \dfrac{1}{1.5 + 0.6} = 0.97$

$P_{H_3} = \dfrac{1}{1.2 + 0.8 + 1.5} + \dfrac{1}{0.6} = 1.95$

1 点的高程中误差：$m_{H_1} = \pm \dfrac{m_0}{\sqrt{P_{H_1}}} = 54\text{mm}$

2 点的高程中误差：$m_{H_2} = \pm \dfrac{m_0}{\sqrt{P_{H_2}}} = 60\text{mm}$

3 点的高程中误差：$m_{H_3} = \pm \dfrac{m_0}{\sqrt{P_{H_3}}} = 42\text{mm}$

第3章　全站仪测量角度和距离实习

全站仪，即全站型电子测距仪（electronic total station），是一种集光、机、电为一体的高技术测量仪器，是集测量水平角、垂直角、距离（斜距、平距）高差、坐标等功能于一体的测绘仪器系统。可以自动记录和显示读数，使测角操作简单化，且可避免读数误差的产生。因其一次安置仪器就可完成该测站上的全部测量工作，所以称为全站仪。根据测角精度可分为 0.5″，1″，2″，3″，5″，10″几个等级。

3.1　全站仪的结构

电子全站仪由电源部分、测角系统、测距系统、数据处理部分、通讯接口及显示屏、键盘等组成。虽然各个厂家推出有不同型号的全站仪，但其结构基本是一样的，图 3.1 是南方测绘公司生产的 NTS-360 系列全站仪，该仪器的测角精度为 2″，测距精度为 2+2ppm。主要部件及名称如图 3.1 所示。

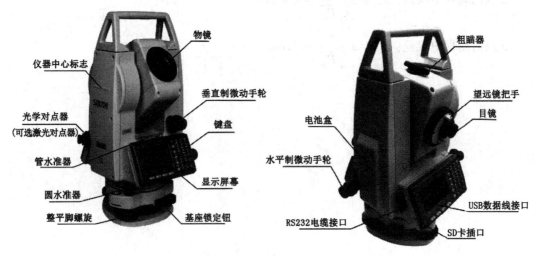

图 3.1　全站仪各部件名称

3.2　按键功能与信息显示

3.2.1　按键功能

在全站仪相对的两个方向均匀有显示屏和键盘，可以对全站仪进行输入、测量等功能

16

操作，如图 3.2 所示。

图 3.2　全站仪显示屏及按键

各按键功能如表 3.1 所示。

表 3.1　　　　　　　　　　　　　　按键功能说明

按　键	名　称	功　能
ANG	角度测量键	进入角度测量模式
◿	距离测量键	进入距离测量模式
∠	坐标测量键	进入坐标测量模式（▲上移键）
S.O	坐标放样键	进入坐标放样模式（▼下移键）
K1	快捷键 1	用户自定义快捷键 1（◀左移键）
K2	快捷键 2	用户自定义快捷键 2（▶右移键）
ESC	退出键	返回上一级状态或返回测量模式
ENT	回车键	对所做操作进行确认
M	菜单键	进入菜单模式
T	转换键	测距模式转换
★	星键	进入星键模式或直接开启背景光
⏻	电源开关键	电源开关

按　键	名　称	功　能
F1—F4	软键（功能键）	对应于显示的软键信息
0—9	数字字母键盘	输入数字和字母
—	负号键	输入负号，开启电子气泡功能（适用 P 系列）
.	点号键	开启或关闭激光指向功能、输入小数点

3.2.2　符号说明

在电子屏幕上所显示的符号代表不同的含义，各符号说明如表 3.2 所示。

表 3.2　　　　　　　　　　　　　电子显示符号说明

显　示　符　号	内　　容
V	垂直角
V%	垂直角（坡度显示）
HR	水平角（右角）
HL	水平角（左角）
HD	水平距离
VD	高差
SD	斜距
N	北向坐标
E	东向坐标
Z	高程
*	EDM（电子测距）正在进行
m/ft	米与英尺之间的转换
m	以米为单位
S/A	气象改正与棱镜常数设置
PSM	棱镜常数（以 mm 为单位）
（A）PPM	大气改正值（A 为开启温度气压自动补偿功能，仅适用于 P 系列）

3.2.3　功能键说明

在电子显示屏的正下方为 F1～F4 功能键，在不同的测量模式下，对应不同的功能，下面在"角度测量模式"、"距离测量模式"、"坐标测量模式"、"星键模式"情况下分别对功能键进行说明。

1. 角度测量模式

按下 ANG 按键可以进入角度测量模式，此测量模式下共有三个页面，各页面下 F1~F4 所对应的功能如表 3.3 所示。

表 3.3 角度测量模式下的功能键说明

页数	软键	显示符号	功　　能
第 1 页 （P1）	F1	置零	水平角置为 0°0′0″
	F2	锁定	水平角读数锁定
	F3	置盘	通过键盘输入设置水平角
	F4	P1↓	显示第 2 页软键功能
第 2 页 （P2）	F1	倾斜	设置倾斜改正开或关，若选择开则显示倾斜改正
	F2	---	------------------------------
	F3	V%	垂直角显示格式（绝对值/坡度）的切换
	F4	P2↓	显示第 3 页软键功能
第 3 页 （P3）	F1	R/L	水平角（右角/左角）模式之间的转换
	F2	---	------------------------------
	F3	竖角	高度角/天顶距的切换
	F4	P3↓	显示第 1 页软键功能

2. 距离测量模式

按下 ◿ 按键可以进入距离测量模式，在此模式下，功能键对应有 2 个页面，各功能说明如表 3.4 所示。

表 3.4 距离测量模式下的功能键说明

页数	软键	显示符号	功　　能
第 1 页 （P1）	F1	测量	启动测量
	F2	模式	设置测距模式为单次精测/连续精测/连续跟踪
	F3	S/A	温度、气压、棱镜常数等设置
	F4	P1↓	显示第 2 页软键功能
第 2 页 （P2）	F1	偏心	进入偏心测量模式
	F2	放样	距离放样模式
	F3	m/f	单位米与英尺转换
	F4	P2↓	显示第 1 页软键功能

3. 坐标测量模式

按∠按键可以进入坐标测量模式，在此模式下，功能键有 3 个页面，其功能如表 3.5 所示。

表 3.5　　　　　　　　　　　坐标测量模式下的功能键说明

页数	软键	显示符号	功　　能
第 1 页 （P1）	F1	测量	启动测量
	F2	模式	设置测距模式为 单次精测/连续精测/连续跟踪
	F3	S/A	温度、气压、棱镜常数等设置
	F4	P1↓	显示第 2 页软键功能
第 2 页 （P2）	F1	镜高	设置棱镜高度
	F2	仪高	设置仪器高度
	F3	测站	设置测站坐标
	F4	P2↓	显示第 3 页软键功能
第 3 页 （P3）	F1	偏心	进入偏心测量模式
	F2		
	F3	m/f	单位 m 与 ft 转换
	F4	P3↓	显示第 1 页软键功能

4. 星键模式

NTS-310B 系列按下星键后出现如图 3.3 所示界面：

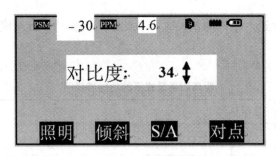

图 3.3　NTS-310B 按星键界面

（1）对比度调节：通过按▲或▼键，可以调节液晶显示对比度。

（2）照明：通过按 F1 （照明）键开关背景光与望远镜照明，或按（星键）也能开关背景光与望远镜照明。

（3）倾斜：通过按 F2 （倾斜）键，按 F1 或 F2 选择开关倾斜改正，然后按 ENT 确认。

（4）S/A：通过按 F3 （S／A）键，可以进入棱镜常数和温度气压设置界面。

20

（5）对点：如仪器带有激光对点功能，通过按 $\boxed{F4}$（对点）键，按 $\boxed{F1}$ 或 $\boxed{F2}$ 选择开关激光对点器。

*在有些界面下，按下星键可以直接开启背景光。

NTS-310R 系列按下星键后出现如图 3.4 所示界面：

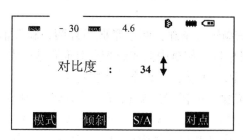

图 3.4　NTS-310R 系统按下星键界面

（1）模式。通过按 F1（模式）键，显示以下界面：

有三种测量模式可选：按 F1 选择合作目标是棱镜，按 F2 选择合作目标是反射片，按 F3 选择无合作目标。选择一种模式后按 ESC 键即回到上一界面。

（2）要在此界面下开关背光，只需再按星键。

（3）其余操作与 NTS-310B 相同。

3.2.4　反射棱镜常数设置

全站仪在出厂时都已设置了棱镜常数，该常数是与其配套的棱镜相对应的。如南方全站的棱镜常数的出厂设置为−30。若使用棱镜常数不是−30 的配套棱镜，则必须设置相应的棱镜常数，设置后关机该常数仍被保存。南方全站仪的棱镜常数设置方法如下：

在距离或坐标测量模式下按 F3 键，屏幕显示如图 3.5（a）所示。

选择 F1（棱镜）功能键，进入如图 3.5（b）所示界面。

按 F1 功能键，输入棱镜常数，按回车键确认。

（a）进入棱镜常数设置界面

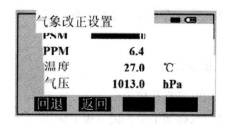
（b）输入棱镜常数

图 3.5　棱镜常数设置

3.3　全站仪的安置

全站仪的安置主要包括对中和整平两步。对中就是使仪器水平度盘中心与测站点标志中心在同一条铅垂线上，整平是使仪器的竖轴竖直，并使水平度盘处于水平位置。根据仪器携带的对中器不同，安置全站仪可采用垂球对中、光学对中器对中或激光对中器对中。无论采用哪一种对中方法，操作步骤大致是相同的。

（1）放置三脚架和仪器。按1.4节所述将三脚架放置在测站点上，使架头中心与地面标志中心大致在同一铅垂线上，并尽量水平。将全站仪放置在三脚架上，拧紧中心螺旋。

（2）粗对中。固定三脚架一条腿，两手紧握另外两条腿并前后左右移动，同时眼睛观察光学对中器或激光对中器，使对中器或激光点对准测站标志中心，完成粗对中，此后三脚架三条腿在地面上应固定不动，否则将破坏粗对中。

（3）粗平。将三脚架腿上的固定螺旋松开，并升降三脚架，同时观察圆水准气泡，使圆水准器气泡居中（操作时降低气泡所在方向或升高气泡相对的方向）。

（4）精平。调节脚螺旋使水准管气泡居中。方法是，首先让水准管平行于任意两个脚螺旋方向，调节该两个脚螺旋（相对或相向旋转，气泡移动方向与左手大拇指方向相同），使水准管气泡居中；然后将仪器旋转90°，使水准管垂直于该两个脚螺旋方向，调节第三个脚螺旋，使水准管气泡居中。反复操作前面两步，直到在任何方向气泡都居中。

（5）检查对中。由于粗平和精平会导致仪器竖轴发生变化，进而导致"粗对中"被破坏，此时检查对中，若对中器十字丝或激光点已偏离标志中心，则稍松开（不要完全松开）中心螺旋，在架头上平移（不可旋转）基座完成精确对中。然后再检查精平是否已被破坏，若已被破坏则再用脚螺旋完成精平。

（6）反复进行（4）、（5）两步操作，直到对中和整平都满足要求。

3.4　水平角度观测实习

3.4.1　实习目的

（1）了解全站仪的结构，认识各部件的名称、功能。
（2）掌握安置全站仪的操作步骤，完成仪器的对中和整平。
（3）练习测回法、方向法观测水平角的方法、数据记录、计算，了解水平角观测限差要求。

3.4.2　仪器设备

（1）电子全站仪1台。
（2）三脚架1个、记录板1块。

3.4.3　实施方法及步骤

（1）先由指导教师讲解仪器各部件名称、功能、操作方法，以及安置全站仪的详细步骤，然后各小组分别练习。

（2）各小组在地面选择某一固定点安置仪器，在周围楼顶选择大小适当的目标进行水平角观测练习，方法包括测回法和方向法。1人观测，1人记录，两个测回后轮换。

（3）记录员要准确记录观测数据，并及时算出水平角。上下半测回角度差不超过

40″，不同测回角度差不超过 24″，误差超限后应重新观测。

（4）测回法观测水平角。如图 3.6 所示，在测站点 O 处安置全站仪，完成对中和整平，并选择两个目标 A、B 进行水平角观测，打开仪器后按下 $\boxed{\text{ANG}}$ 按键进入角度测量模式。

盘左观测。盘左位置（竖直度盘位于观测方向的左手边）瞄准目标 A 稍偏左一点，并旋紧制动螺旋，将水平度盘置零，重新用微动螺旋精确瞄准目标 A，记下水平度盘读数 $a_\text{左}$；松开照准部制动螺旋，精确瞄准 B 目标，记下水平度盘读数 $b_\text{左}$，计算盘左半测回（或上半测回）水平角：

$$\beta_\text{左}=b_\text{左}-a_\text{左}$$

盘右观测。松开望远镜制动螺旋并倒转过来，同时将仪器照准部旋转 180°（转换为盘右位置），精确瞄准目标 B，记下水平度盘读数 $b_\text{右}$，松开照准部制动螺旋精确瞄准目标 A，记下水平度盘读数 $a_\text{右}$，计算盘右半测回（或下半测回）水平角：

$$\beta_\text{右}=b_\text{右}-a_\text{右}$$

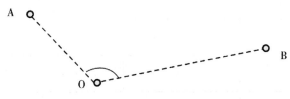

图 3.6　测回法观测水平角

进行第二个测回时，操作步骤与上相同，只是在盘左位置瞄准 A 目标时，应配置度盘，观测数据记录和计算按表 3.6 所示。

表 3.6　　　　　　　　　　　　测回法水平角观测记录表

测站	目标	竖盘位置	水平度盘读数			半测回角值			一测回平均值			备注
			°	′	″	°	′	″	°	′	″	
O	A	左										
	B											
	B	右										
	A											
	A											
	B											
	B											
	A											

（5）方向法观测水平角。如图 3.7 所示，在测站点 O 处安置全站仪，完成对中和整平，并选择 A、B、C、D 四个目标进行方向法观测水平角，以 A 方向为零方向。

23

盘左观测。盘左位置瞄准目标 A 稍偏左一点，并旋紧制动螺旋，将水平度盘置零，重新用微动螺旋精确瞄准目标 A，记下水平度盘读数；松开照准部制动螺旋，依次精确瞄准 B、C、D 目标，分别记下水平度盘读数；最后再次瞄准 A 方向，并计算归零差。如果归零差不超过限差，则计算零方向平均值，并计算各个目标盘左半测回（或上半测回）水平角。

盘右观测。松开望远镜制动螺旋并倒转过来，同时将仪器照准部旋转 180°（转换为盘右位置），精确瞄准目标 A，记下水平度盘读数，然后依次精确瞄准 D、C、B 目标，记下水平度盘读数，最后再瞄准 A 目标，并计算归零差。如果归零差不超过限差，则计算零方向平均值，并计算各个目标盘右半测回（或下半测回）水平角。

将各方向的盘左半测回和盘右半测回角度值取平均，得到各方向一测回方向值。观测的各项限差如表 3.7 所示。

表 3.7　　　　　　　　　　　　方向法观测限差

仪器型号	光学测微器两次重合读数差/″	半测回归零差/″	一测回内 2C 较差/″	同一方向各测回较差/″
DJ2	3	8	13	9
DJ6	–	18	–	24

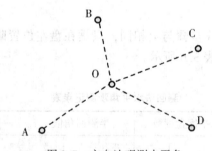

图 3.7　方向法观测水平角

进行第二个测回时，操作步骤与上相同，只是在盘左位置瞄准 A 目标时，应配置度盘，观测数据记录和计算按如表 3.8 所示。

3.4.4　注意事项

（1）注意爱护仪器，如果在日光下观测，尽量避免直接瞄准太阳，搬站时应将仪器装箱。

（2）不得迟到、早退，按讲解步骤对仪器进行操作。

（3）选择的目标点要适中，能让望远镜中的竖丝清晰相切，观测时注意消除视差。手簿填写清晰，不得转抄，数据记录取至秒。

（4）实习结束后上交观测资料，清理仪器并有序归还。

表 3.8　　　　　方向法观测水平角记录表

仪器型号天气日期
测站观测者记录者

站点	读数				半测回 方向	一测回 平均	各测回 平均	备注
	盘左		盘右					
第一测回	°	′	″	°	′	″	° ′ ″	° ′ ″	° ′ ″	
第二测回	°	′	″	°	′	″	° ′ ″	° ′ ″	° ′ ″	

3.5　竖直角、距离和三角高程的观测实习

3.5.1　实习目的

（1）进一步熟悉安置全站仪的操作步骤，完成仪器的对中和整平。

（2）了解竖直角的观测方法，能够区分天顶距和高度角的不同，掌握距离的测量原理和方法。

（3）在竖直角和距离观测的基础上，练习三角高程测量，掌握其观测原理和计算公式。

3.5.2 仪器设备

（1）电子全站仪 1 台。

（2）反射棱镜 1 台。

（3）三脚架 2 个、钢卷尺 1 把、记录板 1 块。

3.5.3 实施方法及步骤

（1）各小组在地面选择某一固定点安置仪器，在周围楼顶选择 2 个适当的目标进行竖直角观测，至少两个测回，之后轮换。

（2）竖直角的观测。在所选的固定点上对中、整平仪器，首先确定全站仪显示的竖直角是"天顶距"还是"高度角"。将望远镜视线上倾，并观察竖直角读数的变化。如果视线上倾，竖盘读数减小，当视线旋转到正上方时，竖盘读数接近 0°，说明仪器显示的竖角是"天顶距"。如果视线上倾，竖盘读数增大，当视线旋转到正上方时，竖盘读数接近 90°，说明仪器显示的竖角是"高度角"。

竖直角的观测和水平角观测一样，一个测回也需要用盘左位置观测，盘右位置观测，分别称为盘左半测回和盘右半测回。首先在盘左位置，依次瞄准各目标，用十字丝横丝相切目标，记下读数；然后倒转望远镜，并将仪器旋转 180°，在盘右位置瞄准各目标，同样用横丝相切同一位置，记下读数。重复以上步骤完成第二测回。两个半测回角取平均值作为一测回竖直角，各测回竖直角取平均值作为最终角度值。记录表格如表 3.9 所示。

表 3.9 竖角观测记录表

仪器号/天气/日期
观测者/记录者/仪器高

测回	觇点	觇标高/m	竖盘位置	竖盘读数 ° ′ ″	指标差 ″	半测回高度角 ° ′ ″	一测回高度角 ° ′ ″
	A	左					
		右					
	B	左					
		右					
	C	左					
		右					

（3）距离的观测。全站仪测距时可以有全反射棱镜，也可以用无棱镜模式。全反射棱镜方式必须要求在待测点处设置带全反射功能的棱镜，这样仪器才能获得足够的反射信号进行计算，得出距离；无棱镜测距采用的测距信号是激光测量较近的目标时，无需在目标点设置全反射的棱镜，经过物体的漫反射回全站仪的信号，已经足够强到仪器可以识别，并通过计算得出所测目标点的距离。

本课程实习采用全反射棱镜方式。所以，在距离全站仪 50m 之外架设反射棱镜，然后确保全站仪处于棱镜模式测距，并设置相关参数（包括棱镜常数、大气改正和温度、气压改正）、量测仪器高、棱镜高并输入仪器中。照准目标棱镜中心，按测距键，距离测量开始，测距完成时显示斜距、平距、高差。

全站仪的测距模式有精测模式、跟踪模式、粗测模式三种。精测模式是最常用的测距模式，测量时间约 2.5s，最小显示单位 1mm；跟踪模式，常用于跟踪移动目标或放样时连续测距，最小显示一般为 1cm，每次测距时间约 0.3s；粗测模式，测量时间约 0.7s，最小显示单位 1cm 或 1mm。在距离测量或坐标测量时，可按测距模式（MODE）键选择不同的测距模式。

应注意，有些型号的全站仪在距离测量时不能设定仪器高和棱镜高，显示的高差值是全站仪横轴中心与棱镜中心的高差。

（4）三角高程计算。假定一个测站点的高程值，由观测的距离、高度角、仪器高、棱镜高，计算目标点的地面点高程值，公式如下：

$$H = H_0 + D\sin\alpha + i - v$$
$$H = H_0 + S\tan\alpha + i - v$$

式中，H 为目标点高程，H_0 为测站点高程，D 为目标与测站的斜距，S 为目标与测站的水平距离，i 为仪器高，v 为目标高。

3.6 全站仪的检验与校正

3.6.1 实习目的

（1）熟悉全站仪存在的主要轴系。
（2）掌握各轴系关系需要满足的条件。
（3）掌握全站仪基本项目的检验与校正方法。

3.6.2 全站仪的主要轴线及满足的条件

如图 3.8 所示，全站仪的主要轴线有：仪器旋转轴 VV_1（简称竖轴）望远镜的旋转轴 HH_1（简称横轴）望远镜的视准轴 CC_1 和照准部水准管轴 LL_1，以及望远镜中的十字横丝、十字竖丝。

这些轴线要满足的条件有：
（1）照准部水准管轴应垂直于竖轴；
（2）视准轴应垂直于横轴；
（3）横轴应垂直于竖轴；
（4）由于观测水平角时常用竖丝瞄准目标，所以要求竖丝垂直于横轴；
（5）竖盘指标差要在一定范围内。
为检验以上条件是否满足，要对全站仪进行检验，必要时做一定的校正。

3.6.3 照准部水准管轴垂直于竖轴的检验与校正

（1）检验。先将仪器大致整平，转动照准部使其水准管与任意两个脚螺旋的连线平

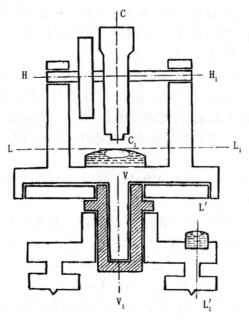

图 3.8 全站仪主要轴线

行，调整脚螺旋使气泡居中，然后将照准部旋转 180°，若气泡仍然居中则说明条件满足，否则应进行校正。

（2）校正。校正的目的是使水准管轴垂直于竖轴。即用校正针拨动水准管一端的校正螺钉，使气泡向正中间位置退回一半。为使竖轴竖直，再用脚螺旋使气泡居中即可。此项检验与校正必须反复进行，直到满足条件为止。

3.6.4 十字竖丝垂直于横轴的检验与校正

（1）检验。用十字丝竖丝瞄准白色墙面上一清晰小点，使望远镜绕横轴上下转动，如果小点始终在竖丝上移动则条件满足。否则需要进行校正。

（2）校正。松开四个压环螺钉（装有十字丝环的目镜用压环和四个压环螺钉与望远镜筒相连接。转动目镜筒使小点始终在十字丝竖丝上移动，校好后将压环螺钉旋紧。

3.6.5 视准轴垂直于横轴的检验与校正

（1）检验。视准轴不垂直于横轴对水平角的影响（用 c 表示），主要通过对同一目标盘左、盘右观测计算得到。检验的方法为：在距离仪器 100m 左右的位置选择大致水平（高度角在 3°以内）的某一个目标 A。用水准管精平仪器，分别用盘左、盘右对其进行观测，它们的读数差（顾及常数 180°）即为 2 倍的 c 值，即

$$2c = L' - R' \pm 180$$

对于 J2 经纬仪，c 的绝对值不超过 8″，对 J6 经纬仪，c 的绝对值不超过 10″，则认为视准轴垂直于横轴，否则需要校正。

（2）校正。对于 c 值的校正可采用电子校正和光学校正两种方法，光学校正一般由专业人员使用，在此介绍电子校正的操作步骤。

精平仪器，开机后按［MENU］键进入主菜单，按 F4 进入下一页，选择［1］校正
→选择［2］视差校正→第一步，盘左位置精确瞄准一目标，按 F4 确定→第二步，盘右
位置精确瞄准同一目标，按 F4 确认→校正完成，自动返回校正菜单。

3.6.6 横轴垂直于竖轴的检验与校正

（1）检验。选择较高墙壁近处安置仪器。以盘左位置瞄准墙壁高处一点 P（仰角最
好大于 30°），放平望远镜在墙上定出一点 m_1。倒转望远镜，盘右再瞄准 P 点，再放平望
远镜在墙上定出另一点 m_2。如果 m_1 与 m_2 重合，则条件满足，否则需要校正。

（2）校正。瞄准 m_1、m_2 的中点 m，固定照准部，向上转动望远镜，此时十字丝交点
将不再对准 P 点。抬高或降低横轴的一端，使十字丝的交点对准 P 点。此项检验也要反
复进行，直到条件满足为止。

3.6.7 竖盘指标差的检验与校正

（1）检验。选定远近适中、轮廓分明、影像清晰、成像稳定的固定目标。盘左、盘
右分别照准该目标，在竖盘读数指标管水准气泡严格居中（或自动归零补偿器处于工作
状态）的情况下，分别读取盘左竖盘读数 L 和盘右竖盘读数 R，计算竖盘指标差 $x=（L+R-360°）/2$。如果 x 超过限差要求，应予校正。

（2）校正。电子全站仪可以自动完成竖盘指标差的校正，具体操作步骤根据不同型
号的仪器有所区别。一般首先打开指标差校正功能，先盘左瞄准一清晰目标，然后倒转望
远镜，盘右位置瞄准同一目标，确定后，仪器可自动计算指标差，并进行校正。

3.6.8 光学对中器的检验与校正

（1）检验。

第一步，选择平坦位置放置一平板，平板上标注一 A 点，在平板上方安置全站仪
（仪器架设高度约 1.3m）并对中整平，全站仪的分划板中心与 A 点重合（图 3.9）。绕竖

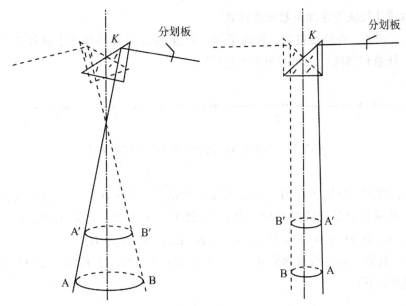

图 3.9　光学对中器检校图

轴旋转光学对中器180°，若分划板中心与另一点 B 重合，做第一次校正，使分划板中心与 AB 之中点重合，再进行下一步检验；若分划板中心仍与 A 点重合，则可进行下一步检验。

第二步，改变 A 点距光学对中器的距离（例如将平板向上移动，由 1.3m 缩短为 1.0m），按照上步重新检验。若光学对中器旋转180°之后，分划板中心仍与 A′重合，则表明条件已经满足；若分划板中心并不与 A′重合而与 B′重合，则应校正，使分划板中心与 A′B′之中点重合。

上述检验和校正工作需反复进行，直到满足要求为止。

（2）校正。打开光学对中器望远镜目镜端的护罩，可以看见四颗校正螺丝，利用校正针旋转四颗校正螺丝，使分划板中心与 AB 或 A′B′中心重合。

3.6.9 测距仪加常数和乘常数的测定

（1）加常数的简易测定。

第一步，选点。在通视良好、平坦坚固的场地上，选择长度 200m 左右的两点 A、B，并用皮尺测定 A、B 的中点 C。如图 3.10 所示。

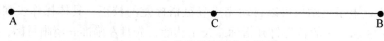

图 3.10 加常数简易测定布设图

第二步，观测。分别在 A、C、B 三点上安置三脚架和基座，高度大致相等。将测距仪依次在 A 观测距离 D_{AB}、D_{AC}，在 C 点观测距离 D_{CA}、D_{CB}，在 B 点观测距离 D_{BC}、D_{BA}。

第三步，计算。分别计算 D_{AB}、D_{AC}、D_{CB} 的平均值，按下式计算加常数。

$$K = D_{AC}、+ D_{CB} - D_{AB}$$

（2）六段比较法测定加常数和乘常数。

第一步，选点。在通视良好、地面平坦、长度 1km 左右的基线上选择 7 个点，如图 3.11 所示，任意相邻两点之间的距离大致相同。

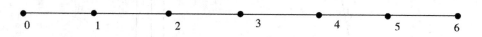

图 3.11 六段比较法测加常数和乘常数布设图

第二步，观测。分别在 0~6 七个点上安置全站仪，并依次将反射棱镜安置于基线的其他端点，测量各个基线段的长度，共得 21 段基线长度值，分别为 $D_{01} D_{02} D_{03} D_{04} D_{05} D_{06}$；$D_{12} D_{13} D_{14} D_{15} D_{16}$；$D_{23} D_{24} D_{25} D_{26}$；$D_{34} D_{35} D_{36}$；$D_{45} D_{46}$；$D_{56}$。

第三步，计算。对每段观测值列出关于加常数和乘常数的方程式，按间接平差原理进行求解。模型如下：

$$\left. \begin{aligned} D_{01} + v_{01} + K + D_{01} \cdot R &= \bar{D}_{01} \\ D_{02} + v_{02} + K + D_{02} \cdot R &= \bar{D}_{02} \\ &\vdots \\ D_{56} + v_{56} + K + D_{56} \cdot R &= \bar{D}_{56} \end{aligned} \right\}$$

式中 $v_{01} \sim v_{56}$ 为 21 段基线改正数，$\bar{D}_{01} \sim \bar{D}_{56}$ 为 21 段基线长度值，按上式组成误差方程式，即可平差求解出加常数 K 和乘常数 R。

第4章 数字测图外业实习

4.1 实习目的

（1）以测绘一幅大比例尺地形图为主线，将零碎的知识点和基本技能串联起来，同时加深对基本概念、基本理论知识的理解和掌握。

（2）了解测量外业工作遵循的基本原则，即"从整体到局部，先控制后碎部"，以及控制误差传播和积累的方法。

（3）了解控制测量的作业流程，掌握控制测量中导线的布设、观测、计算；掌握简单的交会测量方法。

（4）掌握在碎部测量时，地物和地貌特征点的选取方法，掌握全站仪采集碎部点的原理和操作步骤。

4.2 准备工作

实习以小组为单位展开，每组 5 人为宜，由各班级提前自行做好分组工作，选组长 1 名，实行组长负责制，负责协调关系、实习分工、进度安排、质量控制和仪器管理等。

将实习测区均匀划分为 150m×150m 大小的区域，每个小组完成一个区域的数字地形图绘制，测区确定后，各小组到指导教师处领取测区的基本资料：包括测区位置，大致地形情况，周边已知的高等级控制点等，以及到图书馆借阅相关测量规范：

➢《1：500 1：1000 1：2000 外业数字测图技术规程》GB/T 14912—2005；

➢《1：500 1：1000 1：2000 地形图图式》GB/T 20257.1—2006；

➢《国家三、四等水准测量规范》GB 12898—91；

➢《城市测量规范》CJJ8—99。

进入实习场地前，由指导教师集中讲解实习的主要内容、日程安排，让学生充分明确实习的重要性和必要性。说明仪器的借领方法、注意事项，宣布实习的纪律要求、成绩评定办法等，以保证实习的顺利进行。

明确实习任务之后，各小组带学生证到指定仪器馆借领实习仪器，包括：全站仪 1 套，水准仪 1 套，双面水准尺 1 对，全反射棱镜 2 套，三脚架 3 个，对中杆 1 个，尺垫 2 个，钢卷尺 1 把，皮尺 1 把，工具包 1 个。领到仪器后，要对仪器进行全面检查，确保仪器功能完好，工作正常。检查的内容有：仪器各部件是否齐全，是否有损坏；仪器上的螺丝、螺旋是否有松动，转动是否灵活；水准器状态是否良好；望远镜目镜、物镜调焦是否正常；全站仪各按键、指示灯等是否工作正常；反射棱镜是否有裂痕，是否与全站仪配套。

4.3 图根控制测量

根据外业测量工作的基本原则，在进行地形测图前先要进行控制测量，直接供测绘地形图使用的控制点称为图根控制点。测定图根控制点的方法很多，本次实习要求平面控制网采用附合导线，个别地方可以采用交会的方法加设图根控制点；高程控制测量采用四等水准测量。

4.3.1 导线测量

1. 踏勘选点

各小组在所选测区内布设 2 条附合导线，每条导线上不少于 8 个图根控制点，并在实地做好标志。选点时注意以下事项：

➤ 便于安置仪器，且相邻两点之间通视良好，便于导线测角、测距，选好点位之后用油漆作⊕记号，并编好点号。

➤ 相邻导线的边长尽量大致相等。

➤ 周围无遮挡，视野开阔便于碎部点测量，在测区分布尽量均匀。

➤ 要考虑人与仪器的安全，避免选在路中央。

➤ 如果在松软泥土上选点，应在选点位置打木桩，并在木桩顶部钉小钉子作为标志。

➤ 特别困难地段需要布设支导线时，支导线线路上的图根点不得超过两个。

2. 外业观测

为了减弱仪器对中误差和目标偏心误差对测角和测距的影响，导线的外业观测一般采用三联脚架法，使用三个既能安置全站仪又能安置带有反射棱镜的基座和脚架，基座具有通用光学对中器。

施测时将全站仪安置在测站 i 的基座上，带有觇牌的反射棱镜安置在后视点 (i-1) 和前视点 (i+1) 的基座上（图 4.1）。当测完一站向后，向下一站迁站时，导线点 i 和 (i+1) 上的脚架和基座不动，只是从基座上取下全站仪和带有觇牌的反射棱镜，在 (i+1) 上安置全站仪，在 i 上安置带有觇牌的反射棱镜，并在 (i+2) 点上架起脚架，安置基座和带有觇牌的反射棱镜，依次向前推进，直到整条导线测完。

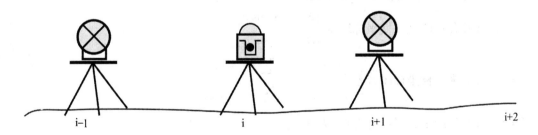

图 4.1 三联角架法观测

转折角的观测采用测回法，至少观测 1 个测回，相邻点之间的距离采用对向观测取平均。需要记录的观测值有水平角 β、距离 S、竖角 α、仪器高 i，觇标高 v 观测注意事项如下：

➤ 水平角观测一个测回，半测回较差≤24 ″；

➤ 测距往返各一个测回，读数较差≤10mm；

➤ 三角高程测量采用对向观测，每个单程竖角观测一个测回，注意记录仪器高 i，目标高 v，记录至 mm。

➤ 采用支导线时，水平角要测左、右角，各测一个测回，其圆周角闭合差不应超过±40″。

观测时的技术指标要求为：竖盘指标差≤25″；对向观测高差较差≤0.4S；导线长度：≤900m；平均边长≤80m；导线方位角闭合差≤±40″$\sqrt{n}$；导线相对闭合差≤1/4000。

每个组员在施测中保证独立观测 1~2 站，记录 1~2 站。观测结束后，要认真对记录手簿进行检查、核对，确保没有遗漏和记错，发现问题及时返工重测。

3. 导线的近似平差

观测后，要根据观测数据和已知点坐标，将所选图根控制点的平面坐标计算出来并整理成控制点成果表，以用于碎部测量。导线的计算采用近似平差法，计算过程如下：

（1）计算坐标方位角闭合差 $f_\beta = \alpha_{起算} + \sum \pm \beta_i - n \cdot 180° - \alpha_{终止}$，$\alpha_{起始}$ 为起算坐标方位角，$\alpha_{终止}$ 为终止坐标方位角，$\sum \pm \beta_i$ 中的符号根据"左+右-"原则（即观测转折角位于推算路线左手边时取+，位于右手边时取-）。

（2）判断坐标方位角闭合差是否在限差内，$f_{限} = \pm 40″ \sqrt{n}$，n 为测站数。

（3）计算各转折角的改正数并检查，将坐标方位角闭合差大小平均分配到每个观测角上，符号按照"左-右+"原则，即 $\begin{cases} v_{\beta i} = -\dfrac{f_\beta}{n} \text{ 左角} \\ v_{\beta i} = +\dfrac{f_\beta}{n} \text{ 右角} \end{cases}$。

（4）计算改正后的各转折角，$\bar{\beta}_i = \beta_i + v_{\beta i}$。

（5）计算各边坐标方位角，$\alpha_下 = \alpha_上 \pm \bar{\beta}_i \pm 180°$，$\alpha_下$ 为要计算的下一导线边的坐标方位角，$\alpha_上$ 为上一导线边的坐标方位角，$\bar{\beta}_i$ 前符号按"左+右-"的原则，±180° 是为了保证计算出来的坐标方位角位于 0~360° 之间。

（6）计算各边的纵、横坐标增量 $\begin{cases} \Delta x_i = S_i \cos \alpha_i \\ \Delta y_i = S_i \sin \alpha_i \end{cases}$。

（7）计算纵、横坐标闭合差 $\begin{cases} f_x = x_{起算} + \sum \Delta x - x_{终止} \\ f_y = y_{起算} + \sum \Delta y - y_{终止} \end{cases}$。

（8）计算导线全长闭合差 $f_s = \sqrt{f_x^2 + f_y^2}$。

（9）计算导线全长相对闭合差并判断是否在限差内 $\dfrac{1}{K} = \dfrac{f_s}{\sum S} \leqslant \dfrac{1}{4000}$。

（10）计算各边的纵、横坐标增量的改正数并检查 $\begin{cases} v_{xi} = -\dfrac{f_x}{\sum S} S_i \\ v_{yi} = -\dfrac{f_y}{\sum S} S_i \end{cases}$。

（11）计算各点的坐标 $\begin{cases} x_{i+1} = x_i + \Delta x_i + v_{xi} \\ y_{i+1} = y_i + \Delta y_i + v_{yi} \end{cases}$。

4.3.2　高程控制测量

高程控制测量主要采用四等水准测量方法，实习的方法、操作步骤在 2.8 节已详细介绍，各小组将所选择的图根控制点依次连接起来，构成一条附合或闭合水准路线，按四等水准测量方法施测。

4.4　碎部点的观测实习

4.4.1　碎部测量原理

碎部点测量是以图根控制点为基础，测定地物、地貌的平面位置和高程。所以在取得合格的图根控制测量成果后，才能开始碎部点测量，它是数字地形图测绘外业工作的最后一项任务。在实际观测中，主要观测地物的轮廓点（交叉点和拐点）或中心点，以及地貌的方向变化点和坡度变化点。观测的基本原理是建立以某个图根控制点为原点的局部坐标系，通过观测水平角、高度角、斜距，计算观测点在该局部坐标系中的坐标以及高程，然后再加上该坐标原点本身的平面坐标和高程，最后得到观测点的统一坐标。如图 4.2 所示，

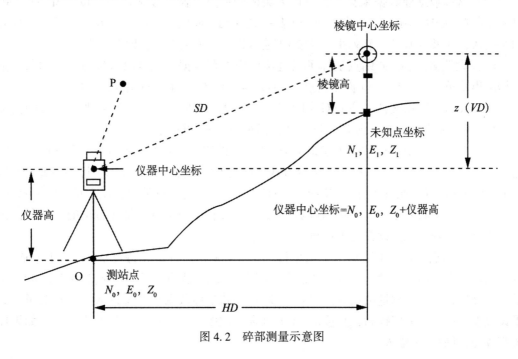

图 4.2　碎部测量示意图

在 O 点（称为测站点）安置仪器，选择 P 点（称为后视点）作为水平角观测的起始方向，要观测 A 点的坐标。则通过观测水平角 β，高度角 α，斜距 SD，计算以 O 点为原点的坐标（dx，dy，dz），然后考虑 O 点本身的坐标 N_0，E_0，Z_0，可得到 A 点的三维坐标 N_A，E_A，Z_A。

$$\begin{cases} dx = SD \cdot \cos\alpha \cdot \cos\,(\alpha_{AP} + \beta) \\ dy = SD \cdot \cos\alpha \cdot \sin\,(\alpha_{AP} + \beta) \\ dz = SD \cdot \sin\alpha + i - v \end{cases} \begin{cases} N_A = N_0 + dx \\ E_A = E_0 + dy \\ Z_A = Z_0 + dz \end{cases}$$

4.4.2　操作步骤

采集的碎部点坐标一般直接保存在全站仪中，所以，采集数据前首先要创建一个坐标文件。根据上述的测量原理，在采集碎部点坐标时，主要步骤有：

➤ 设置测站点（输入测站坐标、仪器高）；

➤ 设置后视点（设置后视平面坐标）；

➤ 采集碎部点（设置前视点）。

为了保证采集数据的正确，一般在正式采集数据前，可以找附近一个已知点进行检查，确保没有问题后再进行下一步的工作。对于不同型号的全站仪，具体的碎部点采集稍有不同，下面以南方 NTS 系列全站仪和拓普康型全站仪为例，详细说明碎部点采集的操作流程。

1. 南方全站仪碎部点采集操作顺序

（1）将图根控制测量的成果输入全站仪，供后面使用。操作方法，按"MENU"键进入主菜单→按 F4（内存管理）→按 F1 输入坐标→输入文件名（如 kzd），回车→输入点名，回车→输入坐标，回车。同样操作输入其他点的坐标。

（2）选择或新建数据采集文件，使采集的碎部点存储在该文件中。按"MENU"键进入主菜单→按数字键［1］进入数据采集→选择测量和坐标文件，F2 调用，选择文件并回车确认，如果要创建一个文件，可按 F1 输入键，输入文件名，回车。

（3）设置测站点。测站点坐标可以直接调用内存数据，也可以直接由键盘输入。由数据采集菜单，按［1］（设置测站点）→按 F4（测站）键→F1 输入，输入点号，回车→系统查找当前调用文件，找到对应的点号，并显示其坐标，在确认其坐标无误的情况下，按 F4 键确认→F1 输入编码、仪器高，回车→按 F3 键记录。

（4）设置后视点。由数据采集菜单按［2］（设置后视点）→按 F4（后视）键→F1 输入，输入后视点名，回车确认，系统查找当前文件中的点号，并显示坐标→检查无误后按 F4 键确认此点，此时注意对准后视点→按 F1 输入，输入点编码，反射棱镜高→按 F3（测量）键→照准后视点，选择一种测量模式，并按相应的按键，将测量出的坐标与已知坐标比较，检查后视点设置是否正确。

（5）碎部点测量。由数据采集菜单按［3］（测量）键进入待测点→按 F1（输入）键，输入点名，回车→输入编号、棱镜高，回车→按 F3 测量→照准目标点→按 F1～F3 中的一个键进行测量→测量结束后，按 F4（是）存储坐标数据→系统进入下一点测量，如果设置没有改变，如棱镜高，直接按 F4（同前）键按上一个点的测量方式测量，如果棱镜高改变，则按 F1 输入。

2. 拓普康全站仪碎部点采集操作顺序

(1) 数据建立存储文件。按"MENU"键→按 F3 键（存储管理）→F4（下一页）→F1 输入坐标，此时显示"选择文件"，在第一次测量时需要新建一个文件，随后的其他测站上可以直接调用→F1 输入，给定文件名（yg01）→ENT 回车。

(2) 在建立的文件中输入点号及坐标。按 F1 键（输入坐标）→如果显示输入坐标数据，则选择：F1（NEZ）→输入点号，回车→依次输入 N、E、Z 坐标，编码，完成后 ESC 退出；

如果显示选择文件，则选择：F2 调用→上下箭头选择文件名（yg01）→ENT 回车→F1（选择输入 NEZ）→回到输入坐标数据界面。

(3) 坐标输入后，返回到菜单主界面。按 F1（数据采集），此时显示选择文件→F1 输入，新建一个文件，输入测量文件名，可与前面文件名相同（yg01）→ENT 回车。

(4) 设置测站点。按 F1（测站点输入）→F4（测站）→F2 调用→选择控制点坐标文件名→ENT 回车→选择测站点对应的点号→ENT 回车→检查点的坐标值，无误后按 F3，是→按 ANG（向下箭头键），选择输入仪器高→F1，输入仪器高→ENT 回车→显示记录？是，否→按 F3，是。即可设置好测站点。

(5) 设置后视点进行定向并检查。按 F2（后视点输入）→F4（后视）→F2，调用，选择后视点，回车→检查点的坐标，无误后，让经纬仪对准后视，按 F3，是→F3（测量）→选择 F1~F3（对应坐标、测角或距离）→与已知的坐标、方位角、距离比较（检查定向结果）。

(6) 碎部点测量。F3（前视/侧视）→输入点号（以后碎部点点号依次累加 1）标识码、仪器高→F3（测量）（在棱镜高没有变化的情况下，可以按"同前"进行测量）。

在采用无编码模式绘图时，注意要将测量的碎部点按点号绘制好草图，以描述点之间的相互关系，地物的属性，量测的距离等。

4.5 数据传输

完成碎部点采集之后，使用电缆线将全站仪和电脑相连，打开 CASS 软件。根据仪器不同，数据传输方法稍有区别。

1. 对南方全站仪操作

(1) 按［MENU］键调出主菜单。

(2) 按［3］选择存储管理。

(3) 按［2］选择数据传输。

(4) 屏幕显示三种传输模式，RS232 传输模式、USB 传输模式和存储传输模式，根据使用的连接电缆线选择相应的传输模式。如：按［1］选择 RS232 传输模式。

(5) 按［1］发送数据。

(6) 选择发送数据的类型，如按［2］发送坐标数据。

(7) 选择要发送的坐标数据文件，可直接输入文件名，也可以按 F2 调用→选择文件→确定。

(8) 选择数据传输格式，有 NTS300 格式、NTS660 格式和自定义。如按［2］选择 660 格式。

之后对 CASS 软件操作：

（9）点击菜单"数据→读取全站仪数据"，弹出如图 4.3 所示界面。

（10）在"仪器"项目中选择南方 NTS600 系列，修改通讯参数，界面上"通讯口"、
"波特率"、"停止位"、"校验"要与全站仪内的设置相同。

图 4.3　读取全站仪数据

（11）给定保存的文件名称，单击"转换"。

（12）先在电脑上点击"确定"，然后在全站仪上选择"是"。即可读取全站仪数据。

2. 对拓普康全站仪的操作

首先对全站仪器操作：

（1）MENU 键调出菜单。

（2）F3，选择存储管理。

（3）F4，翻页到第 3 页。

（4）F1，通讯。

（5）F2，选择 GTS 格式。

（6）F1，选择发送。

（7）F2，选择坐标文件。

（8）F1，选择 11 位。

（9）F2 调用文件，选择相应文件后回车。

（10）弹出"是，否"，此时暂停。

转换为对 CASS 软件的操作：

（11）点击菜单"数据→读取全站仪数据"，弹出如图 4.3 所示界面。

（12）在"仪器"项中选择拓普康 GTS-200 坐标。

（13）修改通讯参数，与全站仪保持一致。

（14）给定保存的文件名称，单击"转换"。

（15）先在电脑上点击"确定"，然后在全站仪上选择"是"即可读取全站仪数据。

第5章　数字地形图内业绘制

利用全站仪采集完外业碎部点之后，即可进入下一步的内业数字测图阶段。数字测图是一种全解析机助测图方法，其提交的最终成果是以数字形式存储在计算机存储介质（磁盘或光盘）上的数字地形图文件，可供计算机处理、远距离传输、多方共享，通过数控绘图仪可输出地形图。另外，利用数字地形图可生成电子地图和数字地面模型（DTM），也是地理信息系统（GIS）的重要数据源。相关的内容在以后的课程中会陆续学习到。广义的数字测图包括：①利用全站仪或其他测量仪器进行野外数字化测图；②利用数字化仪对纸质地形图的数字化；③利用航摄、遥感相片进行数字化测图等技术。本课程所学习的数字测图方式属于第①种方式。

对全站仪采集的碎部点进行数字测图的软件有很多，北京威远图公司的 SV300 数字制图软件，广州南方测绘公司的 CASS 数字化成图软件，武汉瑞德公司的瑞德数字测图软件，武汉大学测绘学院的金球数字测图软件等。本实习主要采用南方 CASS 软件完成数字化成图工作，因此，以南方 CASS 软件为例介绍软件的主要功能以及进行数字化测图的步骤。

5.1　绘图软件介绍

南方 CASS 绘图软件是在 AutoCAD 平台基础上二次开发的数字化成图系统。广泛应用于地形成图、地籍成图、工程测量应用三大领域，也可和 GIS 软件进行对接。CASS 软件除了拥有普通绘图工作所需要的线型外，还拥有测量工作所需要的一切线型和测量绘图所需要的大部分图例，这些图例由软件开发人员严格按照测量规程绘制，能够直接使用。除了绘图，CASS 软件还提供了许多测量所需要的工具，如计算土石方量、测量直线的长度、方位角等。还能将全站仪、GPS 所采集的碎部点坐标、点号、备注等进行格式转换，转换为 CASS 能够直接识别的格式，为测量人员节省了大量的内业处理时间。

软件的主界面如图 5.1 所示。

与大多数软件类似，软件的主要功能区分为菜单、CASS 工具栏、命令栏、屏幕菜单栏、CAD 工具栏。要完成某个任务时，可以在菜单中选择相应功能，也可以直接点击工具栏，还可以在命令栏中输入相应的命令。下面以"点号定位"成图模式，简单说明利用 CASS 绘制地物和地貌（等高线）的基本操作。

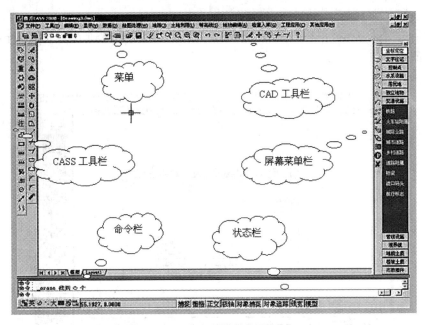

图 5.1　CASS 软件主界面

5.2　数据导入和绘图准备

在正式数字化绘图前,首先要完成"定显示区"、"选择测点点号定位成图法"、"展点"这三步工作。

1. 定显示区

定显示区就是通过坐标数据文件中的最大、最小坐标定出屏幕窗口的显示范围。进入 CASS 主界面,单击菜单项"绘图处理",即出现如图 5.2 所示下拉菜单。然后点击"定显示区"项,即出现一个对话窗(图 5.3)。这时,需要输入坐标数据文件名。点击"浏览"选择对应的文件。这时,命令区显示:

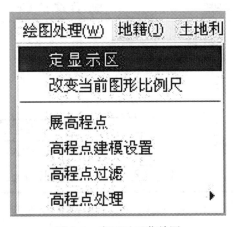

图 5.2　定显示区菜单图

最小坐标（米）：X＝［31056.221］，Y＝［53097.691］

最大坐标（米）：X＝［31237.455］，Y＝［53286.090］

表明所选文件中的数据格式正确，能够被 CASS 读取，并得到了文件中坐标数据的最大、最小值。

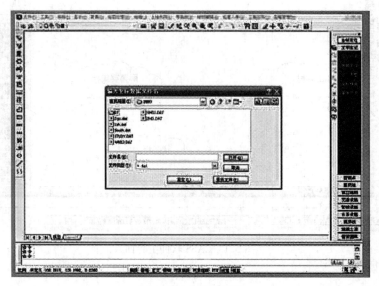

5.3　导入文件对话框

2. 选择测点点号定位成图法

　　"点号定位"是在命令行中输入点号完成数字成图的方法。单击屏幕右侧菜单区之"坐标定位→测点点号"项，即出现图 5.4 所示的对话框。选择相应的文件，打开后软件会读入每个点的点号及对应的坐标值，并在命令区提示：

　　读点完成！　共读入××个点。

图 5.4　选择"测点点号定位"文件

3. 展点

展点是将外业测量的碎部点，按照其平面位置展绘到屏幕上去。鼠标点击顶部菜单"绘图处理→展野外测点点号"项，系统会弹出打开文件的对话框，选择所要展绘的文件后，如图5.5所示，系统便将碎部点的平面位置及点号展绘到屏幕上。

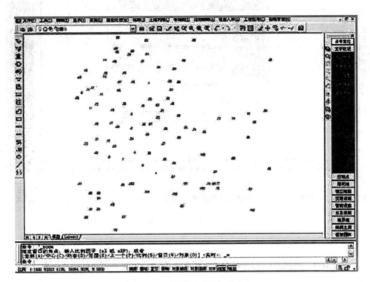

图 5.5　展野外测点点号

5.3　地物的绘制

地物的绘制可以分为按比例符号表示、半比例符号表示、非比例符号表示三类。对于能够用比例符号表示的地物，绘制方法是按顺时针或逆时针顺序依次将外业碎部测量所获取的地物轮廓点连接起来，如房屋、大型公路、大面积果园植被等，这些符号与实际地物的形状相似，其面积（大小）与实际面积（大小）成一定比例；对于半比例符号表示的地物，绘制方法是沿地物的长度方向上将外业测量的碎部点依次连接起来，并用相应符号表示，如小路、电力线、管线等，这些符号只在长度上与实际地物成一定比例，其宽度没有意义；对于非比例符号表示的地物，绘制方法是在外业碎部测点位置，用某一符号表示，一般是独立的地物如里程碑、纪念塔、烟囱等，其符号的大小不具任何意义，与实际地物不成比例。下面对不同类型的地物分别说明其绘制方法。

1. 交通设施

交通设施包括了铁路、公路、桥梁、渡口码头、其他道路、道路附属等。下面以公路为例进行说明，选择右侧屏幕菜单的"交通设施→公路"按钮，弹出如图5.6所示的界面，显示了各种类型的公路，应根据外业草图进行选择。

选择其中的"平行等外公路"，点击"确定"，命令区提示：

绘图比例尺1：输入500（绘图比例尺为1∶500），回车。（说明：绘制第一个地物时需要输入比例尺，此后的其他地物不再需要）。

第一点P/<点号>输入72，回车。

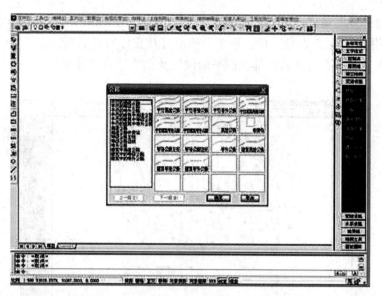

图 5.6　选择屏幕菜单"交通设施→公路"

曲线 Q/边长交会 B/跟踪 T/区间跟踪 N/垂直距离 Z/平行线 X/两边距离 L/点 P/<点号>输入 73，回车。

曲线 Q/边长交会 B/跟踪 T/区间跟踪 N/垂直距离 Z/平行线 X/两边距离 L/点 P/<点号>输入 92，回车。

曲线 Q/边长交会 B/跟踪 T/区间跟踪 N/垂直距离 Z/平行线 X/两边距离 L/点 P/<点号>输入 95，回车。

曲线 Q/边长交会 B/跟踪 T/区间跟踪 N/垂直距离 Z/平行线 X/两边距离 L/点 P/<点号>输入 93，回车。

曲线 Q/边长交会 B/跟踪 T/区间跟踪 N/垂直距离 Z/平行线 X/两边距离 L/点 P/<点号>输入 99，回车。

曲线 Q/边长交会 B/跟踪 T/区间跟踪 N/垂直距离 Z/平行线 X/两边距离 L/点 P/<点号>回车。

拟合线<N>？输入 Y，回车。

说明：输入 Y，将该边拟合成光滑曲线；输入 N（缺省为 N），则不拟合，以折线形式表示该线。

1. 边点式/2. 边宽式<1>：回车（默认 1）

说明：选 1（缺省为 1），将要求输入公路对边上的一个测点；选 2，要求输入公路宽度。

对面一点 P/<点号>输入 96，回车。

这时平行等外公路就作好了。如图 5.7 所示。

按同样方法可以绘制"平行高速公路"、"平行等级公路"或铁路等。

2. 居民地

选择右侧屏幕菜单的"居民地→一般房屋"选项，弹出如图 5.8 所示界面，给出了

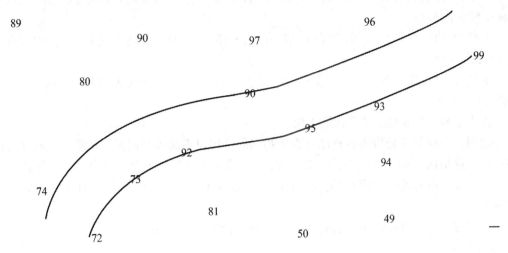

图 5.7 绘制好的平行等外公路

不同类型的房屋，如果房屋为规则矩形，可选择"四点房屋"，如果房屋是不规则图形，可选用"实线多点房屋"或"虚线多点房屋"。

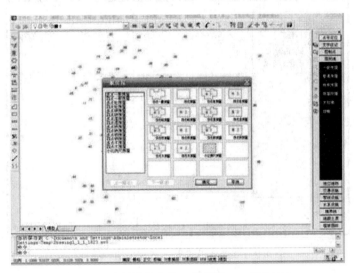

图 5.8 选择屏幕菜单"居民地→一般房屋"

先用鼠标左键选择"多点砼房屋"，再点击"确定"按钮。命令区提示：

第一点 P/<点号>输入 49，回车。

曲线 Q/边长交会 B/跟踪 T/区间跟踪 N/垂直距离 Z/平行线 X/两边距离 L 点 P/<点号>输入 50，回车。

曲线 Q/边长交会 B/跟踪 T/区间跟踪 N/垂直距离 Z/平行线 X/两边距离 L/隔一点 J/微导线 A/延伸 E/插点 I/回退 U/换向 H/点 P/<点号>输入 51，回车。

曲线 Q/边长交会 B/＊＊/闭合 C/隔一闭合 G/隔一点 J/微导线 A/回退 U/点 P/<点号>输入 J，回车。

曲线 Q/边长交会 B/＊＊/闭合 C/隔一闭合 G/隔一点 J/微导线 A /回退 U/点 P/<点号>输入 52，回车。

曲线 Q/边长交会 B/＊＊/闭合 C/隔一闭合 G/隔一点 J/微导线 A /回退 U/点 P/<点号>输入 53，回车。

曲线 Q/边长交会 B/＊＊/闭合 C/隔一闭合 G/隔一点 J/微导线 A /回退 U/点 P/<点号>输入 C，回车。

输入层数：<1>回车（默认输 1 层）。

说明：选择多点砼房屋后自动读取地物编码，用户不需逐个记忆。从第三点起弹出许多选项，这里以"隔一点"功能为例，输入 J，输入一点后系统自动算出一点，使该点与前一点及输入点的连线构成直角。输入 C 时，表示闭合。点号必须按顺时针或逆时针依次输入。

采用同样方法可以绘制"特殊房屋"、"房屋附属"、"垣栅"等。

3. 地貌土质

选择右侧屏幕菜单的"地貌土质→坡坎"选项，弹出如图 5.9 所示界面，显示了各种斜坡和陡坎的类型，根据需要从中选择。

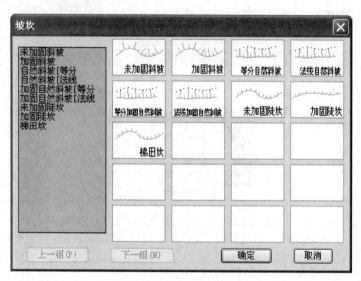

图 5.9　选择屏幕菜单"地貌土质→坡坎"

选择其中的"未加固陡坎"，点击"确定"，命令区提示：

输入坎高：（米）<1.00>：回车（默认 1m）

第一点 P/<点号>：输入 54，回车。

曲线 Q/边长交会 B/跟踪 T/区间跟踪 N/垂直距离 Z/平行线 X/两边距离 L /点 P/<点号>输入 55，回车。

曲线 Q/边长交会 B/跟踪 T/区间跟踪 N/垂直距离 Z/平行线 X/两边距离 L 点 P/<点号>输入 56，回车。

曲线 Q/边长交会 B/跟踪 T/区间跟踪 N/垂直距离 Z/平行线 X/两边距离 L /点 P/<点号>输入 57，回车。

曲线 Q/边长交会 B/跟踪 T/区间跟踪 N/垂直距离 Z/平行线 X/两边距离 L/点 P/<点号>回车

拟合线<N>？输入 Y，回车。

4. 独立地物

CASS 软件将独立地物根据用途分为不同种类，包括：矿山开采、工业设施、农业设施、科文卫体、公共设施、碑塑墩亭、文物宗教和其他设施，以下选择几种典型的独立地物的绘制进行说明。

➤ 选择右侧屏幕菜单的"独立地物→矿山设施"选项，弹出如图 5.10 所示界面，包括用于矿山开采的各种独立地物。

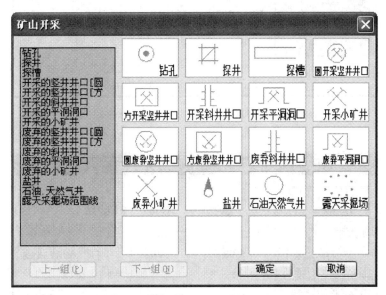

图 5.10　选择屏幕菜单"独立地物→矿山设施"

选择其中的"钻孔"，点击"确定"，命令区提示：

指定点 P/<点号>：输入 91 回车。

➤ 选择右侧屏幕菜单的"独立地物→公共设施"选项，弹出如图 5.11 所示界面，包括用于公共设施的"加油站"、"路灯"等各种独立地物。

选择其中的"路灯"，点击"确定"，命令区提示：

指定点 P/<点号>：输入 69 回车。

➤ 选择右侧屏幕菜单的"独立地物→科文卫体"选项，弹出如图 5.12 所示界面，包括气象站、学校、卫生所等。

选择其中的"宣传橱窗"，点击"确定"，命令区提示：

指定点 P/<点号>：输入 70 回车；

指定点 P/<点号>：输入 71 回车。

5. 水系设施

水系设施包括河流溪流、湖泊池塘、沟渠、水利设施、陆地要素、海洋要素、礁石。选择右侧屏幕菜单的"水系设施→陆地要素"选项，弹出如图 5.13 所示界面，显示了水

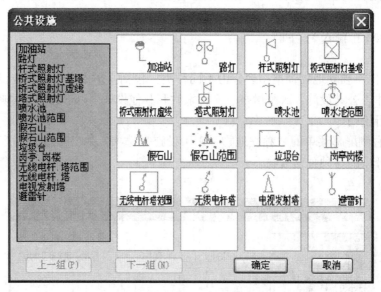

图 5.11　选择屏幕菜单"独立地物→公共设施"

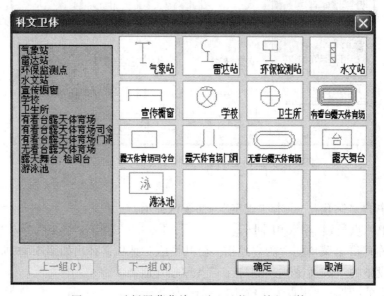

图 5.12　选择屏幕菜单"独立地物→科文卫体"

井、泉等。

　　选择其中的"水井",点击"确定",命令区提示:

　　指定点 P/<点号>:输入 68 回车。

6. 管线设施

　　管线设施包括了电力线、通讯线、管道、地下检修井、管道附属。选择右侧屏幕菜单的"管线设施→电力线"选项,弹出如图 5.14 所示界面,包括地面上的输电线、地面下的输电线、电杆、变电室等。

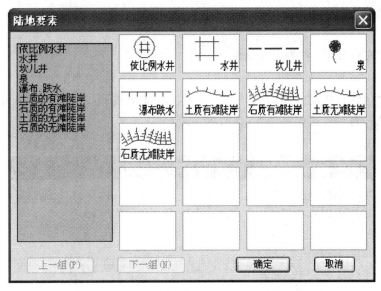

图 5.13 选择屏幕菜单"水系设施→陆地要素"

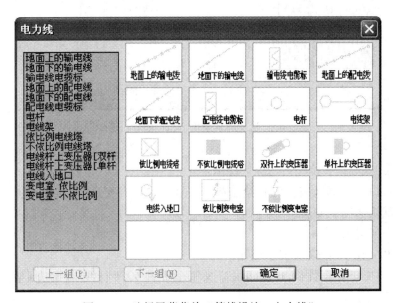

图 5.14 选择屏幕菜单"管线设施→电力线"

选择其中的"地面上的输电线",点击"确定",命令区提示:

指定点 P/<点号>: 输入 58 回车;

曲线 Q/边长交会 B/跟踪 T/区间跟踪 N/垂直距离 Z/平行线 X/两边距离 L/点 P/<点号>: 输入 60 回车;

曲线 Q/边长交会 B/跟踪 T/区间跟踪 N/垂直距离 Z/平行线 X/两边距离 L/点 P/<点号>: 输入 65 回车;

曲线 Q/边长交会 B/跟踪 T/区间跟踪 N/垂直距离 Z/平行线 X/两边距离 L/点 P/<点

号>：回车；

点号输入完成后，命令区提示：是否在端点绘制电杆：（1）绘制；（2）不绘制<1>：回车

说明：回车默认 1，在端点绘制电杆。

7. 植被园林

植被园林包含有耕地、园地、林地、草地、其他植被等。选择右侧屏幕菜单的"植被园林→草地"选项，弹出如图 5.15 所示界面。

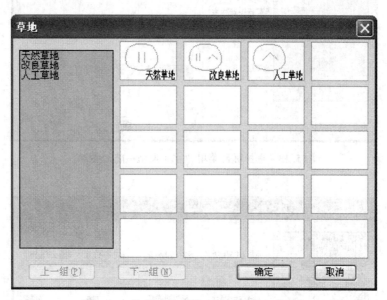

图 5.15　选择屏幕菜单"植被园林→草地"

选择"人工草地"，确定后命令区提示：

请选择：（1）绘制区域；（2）绘出单个符号；（3）查找封闭区域<1>；

回车，默认选择 1，绘制区域；

此时命令区提示：

第一点 P/<点号>：输入 52，回车。

曲线 Q/边长交会 B/跟踪 T/区间跟踪 N/垂直距离 Z/平行线 X/两边距离 L/点 P/<点号>：输入 53，回车；

曲线 Q/边长交会 B/跟踪 T/区间跟踪 N/垂直距离 Z/平行线 X/两边距离 L/点 P/<点号>：输入 126，回车；

曲线 Q/边长交会 B/跟踪 T/区间跟踪 N/垂直距离 Z/平行线 X/两边距离 L/点 P/<点号>：输入 47，回车；

曲线 Q/边长交会 B/跟踪 T/区间跟踪 N/垂直距离 Z/平行线 X/两边距离 L/点 P/<点号>：回车；

此时提示：是否拟合（Y/N），输入 N 不拟合边界；

之后提示选择：（1）保留边界（2）不保留边界；回车默认 1 保留边界。

8. 控制点

　　控制点包含平面控制点和其他控制点。选择右侧屏幕菜单的"控制点→平面控制点"选项，弹出如图 5.16 所示界面，有三角点、土堆上的三角点、小三角点、导线点、埋石图根点等。

图 5.16　选择屏幕菜单"控制点→平面控制点"

　　选择"埋石图根控制点"，命令区提示：
　　指定点 P<点号>：输入 1，回车；
　　等级-点名：D121。

5.4　等高线的绘制

　　按如下步骤完成等高线绘制，并注记高程：
　　（1）展高程点。用鼠标点击"绘图处理"菜单下的"展高程点"，将会弹出数据文件的对话框，选择对应的文件，命令区提示：注记高程点的距离（米）。直接回车，表示不对高程点注记进行取舍，全部展出来。
　　（2）建立 DTM 模型。用鼠标左键点取"等高线"菜单下"建立 DTM"，弹出如图 5.17 所示对话框。
　　根据需要选择建立 DTM 的方式和坐标数据文件名，结果显示栏中默认"显示建三角网的结果"，然后选择建模过程是否考虑陡坎和地形线，选择"确定"，生成如图 5.18 所示 DTM 模型。
　　（3）过滤三角形。根据需要查找三角网中最小角的度数或三角形中最大边边长大于最小边长的倍数，过滤掉特殊的三角形。
　　（4）绘等高线。用鼠标左键点取"等高线/绘制等高线"，弹出如图 5.19 所示对话框，输入等高距，然后选择等高线的拟合方式，点击"确定"后软件即可绘制出等高线。

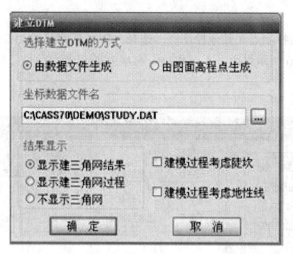

图 5.17　建立 DTM

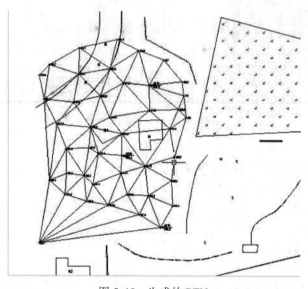

图 5.18　生成的 DTM

　　再选择"等高线"菜单下的"删三角网",这时屏幕显示如图 5.20 所示。

　　(5) 等高线修剪。利用"等高线"菜单下的"等高线修剪"二级菜单,如图 5.21 所示。

　➤ 用鼠标左键点取"切除指定区二线间等高线",命令区提示:

　　选择第一线:用鼠标在绘图区域内选择一条线,例如平行公路一条边;

　　选择第二线:用鼠标在绘图区域内选择另一条线,例如平行公路另一条边;

　　之后位于公路内的等高线被切除。

　➤ 在图 5.21 菜单中"切除指定区域内等高线",命令区提示:

　　选择要切除等高线的封闭复合线:选择封闭区域,如房屋、带边界的草地等。系统将切除选择区域内的等高线。

　　(6) 等高线注记。在等高线的计曲线上添加注记,表示高程值。方法如下:

图 5.19　绘制等高线的设置

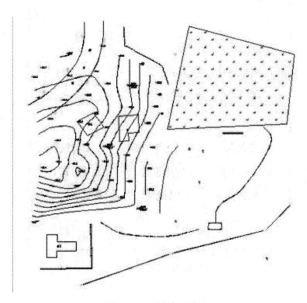

图 5.20　删除三角网

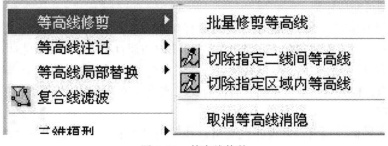

图 5.21　等高线修剪

➤ 首先绘制一条直线，点击菜单"工具→画直线→1 段"或在命令提示栏输入"line"命令，沿大致垂直等高线方向绘制一条直线，注意绘制时要从等高线底向高处画。

➤ 点击菜单栏"等高线→等高线注记→沿直线高程注记"，命令区提示为，请选择：①只处理计曲线；②处理所有等高线<1>，回车默认选择；

➤ 命令区提示：选取辅助直线（该直线应从低往高画），选择第一步所绘制的直线，回车结束。此时在计曲线上会显示等高线的高程值。

5.5 注记及图廓生成

（1）文字注记。用鼠标左键点取右侧屏幕菜单的"文字注记→注记文字"项，弹出如图 5.22 所示的界面。

图 5.22 文字注记

首先在需要添加文字注记的位置绘制一条拟合的多功能复合线，然后在注记内容中输入"经纬路"并选择注记排列和注记类型，输入文字大小并确定后选择绘制的拟合的多功能复合线即可完成注记。

（2）地形图检查。地形图绘制好之后要仔细检查，包括：编码检查、图层检查、符号线型线宽检查、高程注记检查、建筑物图面注记与属性检查、面状地物填充及封闭检查、过滤图形中无属性实体、等高线检查等。还要对每一类地物认真核对属性是否正确，画法是否恰当，相关填充是否正确，有没有交叉或重叠现象，图层以及对应的颜色是否正确等进行检查。

（3）地形图修改编辑。发现错误后可以在菜单"编辑"下对其进行修改或编辑，包括直线的延伸、实体的平移、旋转、炸开实体等。在此以删除绘图前所展绘的外业测点点号为例进行说明。点击菜单"编辑→删除→实体所在层"，命令提示区显示：选择实体，在绘图界面上选择任意一个展点号即可。

（4）生成图廓及图廓外注记。用鼠标左键点击"绘图处理"菜单下的"标准图幅（50×40）"，弹出如图 5.23 所示的界面。

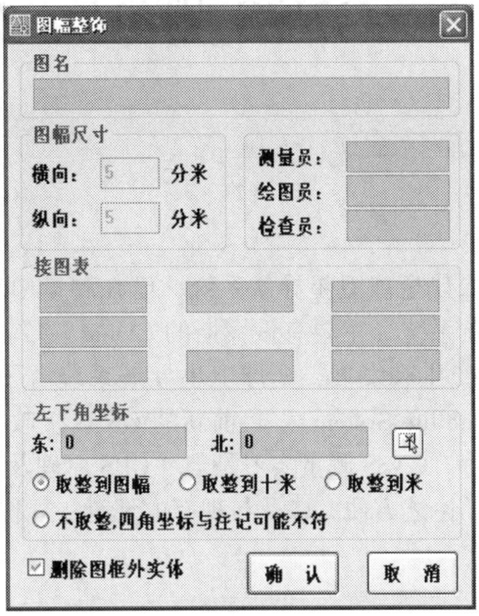

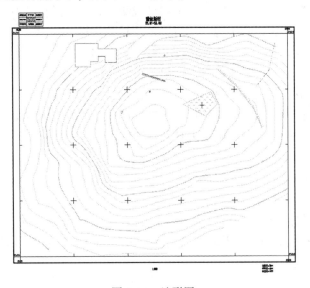

图 5.23　分幅整饰

在"图名"栏里，输入"建设新村"；在"测量员"、"绘图员"、"检查员"各栏里分别输入人员名字，如"张三"、"李四"、"王五"；在"左下角坐标"的"东"、"北"栏内分别输入本幅地形图左下角坐标，也可点击右边的按钮直接在图上选择左下角坐标；在图幅结合表中输入相邻的 8 幅图的名称；在"删除图框外实体"栏前打钩，然后按确认。这样一幅地形图就绘制好了，如图 5.24 所示。

图 5.24　地形图

第6章　GNSS 测量实习概述

6.1　实习目的

GPS 是美国研制的第二代全球卫星导航系统，已在测量中得到了广泛的应用，伴随着世界上其他全球卫星导航系统（主要有俄罗斯的 Glonass 系统、欧洲的 Galieo 系统、中国的北斗第三代系统）的产生和发展，全球卫星导航系统有了一个统一的、新的称谓：GNSS（Global Navigation Satellite System）。目前新的 GNSS 接收机一般都可以同时接收多个卫星导航定位系统的信号。GNSS 测量实习是与"GPS 原理及其应用"课程配套的一项重要的实践环节，因此为了论述方便，以及与现有的规范、规程相对应，本教程中没有将GPS 与 GNSS 加以严格区分。

6.2　实习组织

将参加实习的全体学生划分为队和组。每组由 4~5 名同学组成，每组任命组长 1 名；在此基础上，将 4~6 个小组组成一个小队，选队长 1 名。实习的静态测量部分以队为单位完成，实习的动态测量部分以组为单位完成。

实习各成员的职责如下：

队长：与实习指导老师进行联系，汇报实习情况，传达老师指令；在选点期间，负责确定最终的点位；在外业观测期间，负责制订观测计划，并进行外业观测的现场调度；收集各组出勤记录表、外业观测手簿、实习报告及相关资料。

组长：组内成员的考勤；与队长进行联系，汇报实习情况；每天出测前和收测后清查仪器及其他用具，并监督组内成员爱护和保养仪器；记录或指定专人填写外业观测手簿，收集各组员的实习报告及相关资料。

组员：按时出勤；参与选点、制订外业观测计划和外业调度方案；外业观测期间执行指导教师、队长和组长的指令，确保人身和仪器安全。

6.3　实习内容

实习内容主要包括两大部分，一是利用 GPS 静态测量方式，建立测量实习区域的 E级控制网；二是利用 GPS RTK 测量方式，完成测量实习区域的地形图测绘，并练习利用GPS RTK 进行点、线的放样。

1. GPS 控制网的建立

按照实际工作中 GPS 控制网的建立方法，这一部分的实习内容可以详细划分为：

- 测量区域资料的搜集和控制网的技术设计；
- 控制点的踏勘选点和埋设标识；
- 制定外业观测计划；
- 外业观测；
- 数据的传输、格式转换及编辑；
- 基线解算和 GPS 网平差；
- 成果质量检查和技术总结。

2. GPS RTK 地形测量

按照作业步骤，GPS RTK 测量实习的详细内容包括：

- 掌握 RTK 地形测量所需要的仪器设备和基本原理。
- 基准站和流动站参数设置的内容、方法；
- GPS RTK 地形测量工程的建立和参数的设置；
- 坐标校正的方法、步骤；
- 利用 GPS RTK 进行地形、地物特征点的测量
- 练习点、直线、弧线的放样。
- 坐标点的导出，并利用绘图软件进行地形图绘制

6.4 实习要求

在实习期间，需要注意如下事项：

严格按照仪器的操作规程进行观测，记录正确、字体端正、字迹清晰。

绝对保证人身和仪器安全。在外业测量时，对仪器要爱护，不野蛮操作，坚决做到人不离仪器。若有违反仪器操作规程损坏仪器者，损坏仪器须照价赔偿，并给予相应的处分。

同学之间要相互团结与协作，要互相帮助。

遵守纪律，听从指挥，实习期间无特殊原因不得请假，请假须事先得到指导教师的批准，否则将进行相应的处理。在实习期间必须遵守学校的纪律和各项规章制度。

有问题及时向指导教师、队长或组长报告。

第7章　GNSS 接收机的组成与基本操作实习

7.1　GNSS 接收机

7.1.1　简介

　　GNSS 接收机是接收全球定位系统卫星信号并确定地面空间位置的仪器，是 GNSS 测量中的核心设备，新型接收机不仅可以接收 GPS 卫星信号，还可以接收 GLONASS 卫星信号和北斗卫星信号，所以目前也将可以接收多种卫星信号的接收机统称为 GNSS 接收机。其主要的部件包括接收天线和主机，以及辅助设备如电池、基座、电缆线、手簿等，如图 7.1 所示。

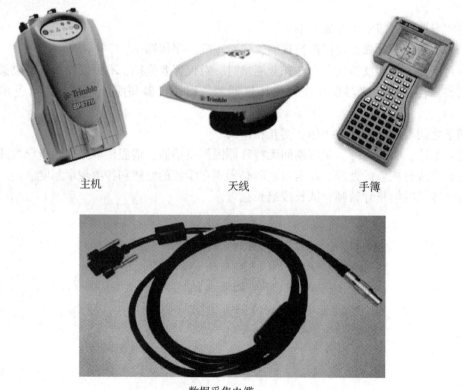

主机　　　　　　　　　　天线　　　　　　　　　手簿

数据采集电缆

图 7.1　GNSS 接收机的主要组成

（1）天线的作用主要是接收来自卫星发射的电磁波信号，并将信号中的能量转换为电流，由于卫星信号非常微弱，所以需要通过前置放大器将电流放大后进入接收机主机。GPS天线的种类很多，有单极天线、微带天线、锥形天线等。

（2）接收机主机通常由接收通道、存储器、微处理器、输入输出设备及电源等组成。

接收通道是用来跟踪、处理、量测卫星信号的部件，由无线电元器件、数字电路等硬件和专用软件组成，一个通道在一个时刻只能跟踪、一颗卫星某一频率的信号。目前的测量型接收机一般都由多个通道组成，可同时跟踪、锁定多颗卫星。

存储器主要用于记录卫星观测值（伪距和载波相位）和导航电文数据，接收机都有一定的内存空间，也可以采用附加闪存卡对其存储空间进行扩充。

微处理器的主要作用是实时处理接收到的卫星数据，得到观测时刻用户端的三维坐标、三维运动速度、接收机的钟差改正值及其他导航信息；也能对接收机的各个部件进行管理、控制和检核。

输入设备可以采用按键、手簿或连接电脑，用户主要用于输入各种命令、设置观测参数（卫星截止高度角、采样间隔、位置更新间隔等）、记录必要的观测资料如仪器高、气象元素等。输出设备可为电子显示屏、指示灯、语音等，让用户了解当前接收机的工作状态（静态、基准站、移动站）、设置参数（采样频率、通道、内存剩余等）、观测的卫星情况（卫星个数、各卫星高度角、方位角等）、当前的位置、速度等信息。

电源一般由接收机厂家配备的专用电池为接收机供电，如需要长期连续观测，可对一般交流电整流后使用。

7.1.2 接收机的类型

（1）根据用途可分为：导航型接收机、测量型接收机、授时型接收机。

导航型接收机主要用于运动载体的导航，它可以实时给出载体的位置和速度。这类接收机一般采用C/A码伪距测量，单点实时定位精度较低，一般为±10m，这类接收机价格便宜，应用广泛。根据应用领域的不同，此类接收机还可以进一步分为：车载型——用于车辆导航定位；航海型——用于船舶导航定位；航空型——用于飞机导航定位，由于飞机运行速度快，因此，在航空上用的接收机要求能适应高速运动；星载型——用于卫星的导航定位，由于卫星的速度高达7km/s以上，因此对接收机的要求更高。

测量型接收机主要用于精密大地测量和精密工程测量。定位精度高。仪器结构复杂，价格较贵。

授时型接收机主要利用GPS卫星提供的高精度时间标准进行授时，常用于天文台及无线电通讯中时间同步。

（2）按接收载波频率可分为：单频接收机、双频接收机。

单频接收机只能接收L1载波信号，测定载波相位观测值进行定位。由于不能有效消除电离层延迟影响，单频接收机只适用于短基线（<15km）的精密定位。

双频接收机可以同时接收L1，L2载波信号。利用双频对电离层延迟的不一样，可以消除电离层对电磁波信号的延迟的影响，因此双频接收机可用于长达几千公里的精密定位。

（3）按通道数分为：多通道接收机、序贯通道接收机、多路多用通道接收机。

多通道接收机能在某一时刻同时跟踪多颗卫星，序贯通道接收机或多路多用通道接收机能在软件控制下依次对多个卫星信号进行跟踪。

图 7.2 列举了不同厂家生产的不同型号的接收机。

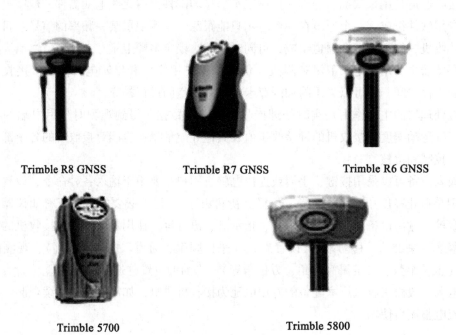

（a）天宝接收机

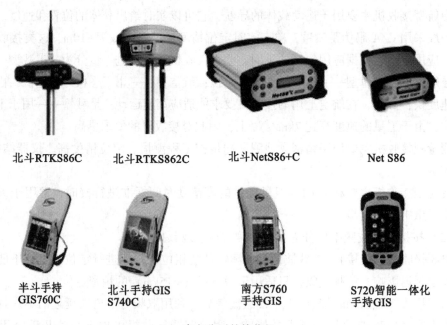

（b）南方公司的接收机

 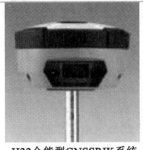 

iRTK智能RTK系统　　　　H32全能型GNSSRIK系统　　　　新V30 GNSSRTK系统

华星A8 RTK测量系统　　　F61北斗版GNSS RTK系统　　　F66 GNSS RTK系统

（c）南方公司的接收机

图 7.2　不同厂商生产的不同型号的 GPS 接收机

7.2　南方灵锐 S82 接收机

S82 是南方卫星导航仪器有限公司推出的首款三星三防测量系统，从内到外全部自主研发的基于北斗卫星导航系统的三星六频道测量型接收机，可同时接收北斗卫星导航系统（COMPASS）全球定位系统（GPS）和俄罗斯的 GLONASS 系统的卫星信号。S82 仍然采用了内置的收发一体的电台，手簿与主机采用蓝牙连接，小范围可实现全无线作业。携带有 4G 固态闪存卡，语音提示向导，多指示灯面板设计，精确显示状态。开机状态下可轻松切换工作模式，使用方便。

7.2.1　主要部件

用于 RTK 测量（包含静态）的 S82 测量系统的完整部件包括：主机、UHF 天线和网络天线、730 手簿、手簿充电器、手簿电池、通讯电缆、主机充电器、主机电池 2 块、基座、对中杆、手簿托架、多用途电缆线、电台、发射天线。如图 7.3 所示。

主机主要用于接收 GNSS 卫星信号，实时处理、显示当前状态等；UHF 天线和网络天线用于 RTK 测量时移动站与基准站之间的无线电信号传输和接收；手簿用于和主机连接，设置观测参数，安装 RTK 软件并实时解算得到实时坐标等；基座用于安置主机，完成对中、整平。

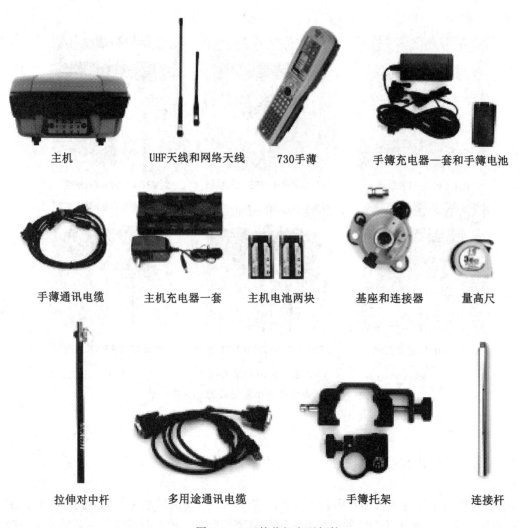

| 主机 | UHF天线和网络天线 | 730手簿 | 手簿充电器一套和手簿电池 |

| 手薄通讯电缆 | 主机充电器一套 | 主机电池两块 | 基座和连接器 | 量高尺 |

| 拉伸对中杆 | 多用途通讯电缆 | 手簿托架 | 连接杆 |

图 7.3   S82 接收机主要部件

7.2.2   指示灯介绍

在主机的正面共有十二颗指示灯和两个按键（F 功能键、电源键），如图 7.4 所示。

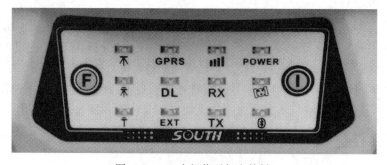

图 7.4   S82 主机指示灯和按键

各指示灯的含义如表7.1所示。

表 7.1　　　　　　　　　　　　　　　　S82 指示灯说明

功能键 F	工作模式	数据链	连接状态	其他指示	电源键
	静态	网络	信号/数据	电源	
	基准站	电台	数据接收	卫星	
	移动站	外挂	数据发送	蓝牙	

各指示灯状态的含义如表7.2所示。

表 7.2　　　　　　　　　　　　　　　　S82 指示灯含义

POWER（红色）	常亮	正常电压：内置电池 7.4V 以上
	闪烁	电池电量不足
卫星（红色）	闪烁	表示锁定卫星数量，每隔 5 秒循环一次
蓝牙（红色）	常灭	未连接手簿
	常亮	已连接手簿
信号/数据（绿色）	闪烁	静态模式：记录数据时，按照设定采集间隔闪烁
	常亮	基准或移动模式：内置模块收到信号的强度较高
	闪烁	基准或移动模式：内置模块收到信号的强度较差
	常灭	基准或移动模式：内置模块未能收到信号
GPRS（绿色）	常亮	基准或移动模式：网络模块已经成功登录服务器
	闪烁	基准或移动模式：网络模块正在登录服务器

7.2.3　按键操作

每个按键或按键组合，以及按键按下的时间长短都对应不同的功能，表7.3给出了各按键的基本操作。

功能	按键操作	内容
工作模式	同时按住〈功能〉键和〈电源〉键	听到滴滴的响声，并且 12 个指示灯同时闪烁，然后松开按键，再单击〈功能〉键选择"移动站"、"基准站"、"静态"工作模式，选定后单击〈电源〉键确定
数据链	长按〈功能〉键	绿灯闪烁后，可以进行设置"外挂"、"电台"、"网络"数据链，选定后单击〈电源〉键确定
主机自检	长按〈电源〉键	2～5 秒关机（三声关机），10 秒后进入自检（快速鸣响），并且部分参数将恢复出厂设置
关机	长按〈电源〉键	主机连续叫三声，电源指示灯熄灭

表 7.3   **S82 按键功能**

7.2.4   接口介绍

主机的接口主要位于底部，如图 7.5 所示。

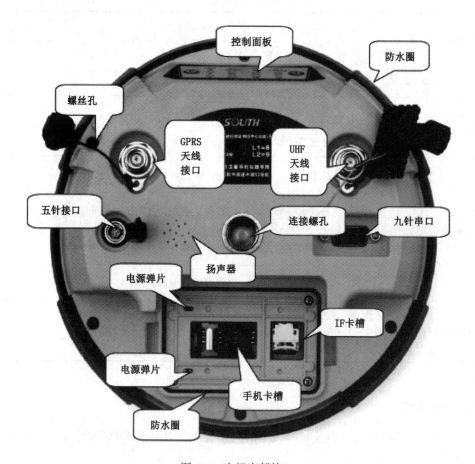

图 7.5   主机底部接口

各接口说明如下：

➢ 五针接口：主机用于与外部数据链连接，外部电源连接；

➢ 九针串口：用来连接电脑传输数据，或者用手簿连接；

➢ GPRS 接口：安装 GPRS（GSM/CDMA/3G 可选配）网络天线；

➢ UHF 接口：安装 UHF 电台天线；

➢ 连接螺孔：用于固定主机于基座或对中杆；

➢ 手机卡槽：在使用 GSM/CDMA/3G 等网络时，安放手机卡；

➢ TF 卡槽：用于扩展主机内存，使用 Micro SD 卡；

➢ 防水圈：防止水及其他液体粉尘进入；

➢ 电池槽：用于安放锂电池；

➢ 弹簧按钮：用于取出电池仓盖。

7.2.5 手簿与主机连接

将主机打开，然后对手簿做如下操作：

（1）"开始"→"设置"→"控制面板"，在控制面板窗口中双击"Bluetooth 设备属性"，如图 7.6 所示。在"蓝牙设备管理器"窗口中选择"设置"，选择"启用蓝牙"；然后在"蓝牙设备"页面下点击"扫描设备"，开始进行蓝牙设备扫描。如果在附近（小于 12m 的范围内）有可被连接蓝牙设备，在"蓝牙管理器"对话框将显示搜索结果。

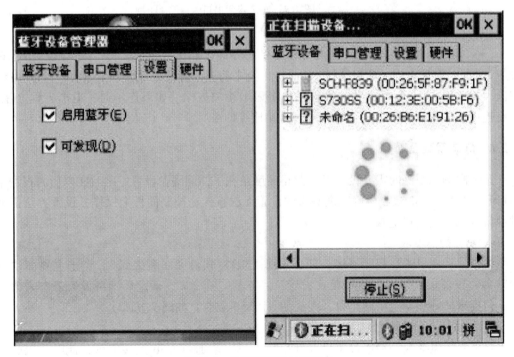

图 7.6 启用蓝牙并扫描设备

（2）在扫描到的设备中选择"S82…"数据项，点击"+"按钮，弹出"串口服务"选项，双击"串口服务"，在弹出的对话框里选择串口号，一般是从 1～8，任选一个，如图 7.7 所示。

图 7.7　连接蓝牙串口

　　（3）打开工程之星软件，进入工程之星主界面，点击"配置"→"端口设置"，在"端口配置"对话框中，端口选择"com1"，与之前连接蓝牙串口服务里面的串口号相同。点击"确定"。如果连接成功，状态栏中将显示相关数据。如果连不通，退出工程之星，重新连接（如果以上设置都正确，此时直接连接即可）。

7.2.6　静态观测设置

　　第一次静态观测时需要设置卫星截止高度角和采样间隔，设置好之后在以后的观测中即可开机观测。S82 接收机静态观测参数设置无法直接在控制面板上操作，设置方法需通过手簿或将主机连接电脑。

1. 手簿设置静态参数

　　将手簿和主机通过蓝牙连接，打开手簿上 RTK 软件"工程之星"，点击主界面"配置"→"仪器设置"→"主机模式设置"→选择"静态"。确定后即可设置静态采集参数，包括采样间隔、卫星截止角、天线高、PDOP 限制，如图 7.8 所示。

2. 通过电脑设置静态参数

　　将多用途电缆线一端连接主机九针串口，另一端通过 USB 连接电脑，此时，接收机以移动硬盘形式显示在电脑上，打开后可以看到配置文件"参数设置"，打开后修改其中的截止角、采样间隔。如图 7.9 所示，参数设置好之后点击"保存"，此时参数被成功写入主机，开机即可生效。

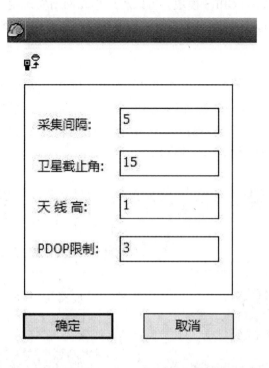

图 7.8　手簿设置静态参数

参数设置			

静态设置

截止角：　　　　15

采样间隔：　　　5

动态设置

差分类型：　　RTCM3

数据链：　　　RADIO

记录原始数据：　⊙是　　○否

系统

工作模式：　　○静态模式　　　○基准站模式　　　⊙移动站模式

注册码：　　　S82123110049603CFFC01FEBA2FDB24CB91

备份参数	恢复设置	重新读取	保存

图 7.9　连接电脑设置静态参数

7.3　南方灵锐 S86 接收机

灵锐 S86 是南方测绘仪器公司推出的一款测量型双频 GNSS 接收机，可同时接收 GPS 和 GLONASS 卫星，设计为天线和主机一体化，主机内同时集成有电池和内置的无线电台，还嵌有 GSM、CDMA、GPRS 模块，可以利用移动网络实现更远距离的作业。文件系统采用标准的兼容 Windows 磁盘文件系统，传输协议采用 USB MASS STORAGE 标准协议。

7.3.1 主要部件

其主要的部件包括：主机、主机充电器、基座连接器、测高片、手簿、手簿充电器、发射（接收）天线。主机的外形如图 7.10 所示。正面主要是液晶显示屏、操作按键（RESET、F1、F2、电源）和指示灯（TX、RX、BT、DATA）；背面是插卡处和不同功能的接口（COM2、COM1/USB、CH/BAT）。

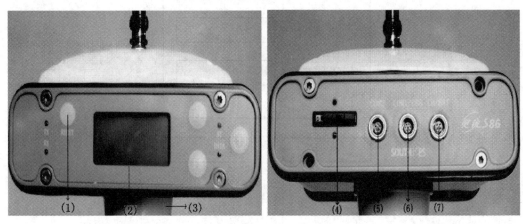

图 7.10　S86GNSS 接收机主机正、反面

7.3.2 按键和指示灯功能说明

按键和指示灯的功能说明如表 7.4 所示。

表 7.4　　　　　　　　　　　　　　**S86 按键和指示灯说明**

项　目	功　能	作用或状态
电源键	开机、关机，确定，修改	开机、关机，确定修改项目，选择修改内容
F1 或 F2	翻页，返回	一般为选择修改项目，返回上一级接口
重置键	强制关机	特殊情况下关机，不影响已采集的数据
DATA 灯	数据传输	按采集间隔或反射间隔闪烁
BT 灯	蓝牙灯	蓝牙接通时长亮
RX 灯	接收信号指示灯	按发射间隔闪烁
TX 灯	发射信号指示灯	按发射间隔闪烁

7.3.3 插口功能说明

➢ COM2（五针口）为电台接口，用来连接基准站外置发射电台；

➢ COM1/USB 为数据接口，用来连接电脑传输数据，也可连接手簿；

➢ CH/BAT 为主机电池充电接口。

7.3.4 手簿与主机的连接

手簿与主机的连接可以通过无线蓝牙也可以通过串口线，多数情况下使用蓝牙连接，下面主要以蓝牙连接为例进行说明。

首先打开主机，然后在手簿上打开工程之星，点击菜单"设置"→"连接仪器"出现如图 7.11 所示界面，"连接方式"选择"内置蓝牙"，点击"扫描"并选择相应的仪器编号，点击"连接"即可。

图 7.11 S86 蓝牙连接

如果连接不成功或第一次使用蓝牙时，需要对蓝牙进行配置，具体步骤为：

➢ 点击手簿左下角"开始"→"设置"→"控制面板"，在控制面板中双击"电源"。

➢ 在电源属性窗口中选择"内建设备"，选择"启用蓝牙无线（B）"，点击"OK"关闭窗口，如图 7.12 所示。

➢ 再次进入控制面板（"开始"→"设置"→"控制面板"），双击"Bluetooth 设备属性"，弹出"蓝牙管理器"对话框。

➢ 点击"搜索"，如图 7.13 所示，搜索周围的蓝牙设备。

➢ 搜索完成后，在"名称"下会出现搜索到的 GPS 主机号，选择要连接的编号，然后点击"服务组"按钮，在对话框里显示"PRINTER"和"ASYNC"两个选项。

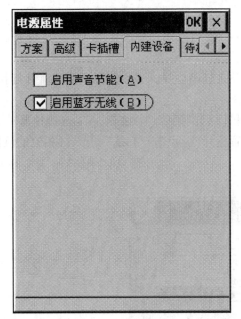

图 7.12　启用蓝牙

图 7.13　搜索蓝牙

➤ 双击"ASYNC"选项，在弹出的选项中选择"活动"，此时"ASYNC"数据项的端口变为"COM7"或其他端口，点击"OK"关闭窗口。

➤ 重新打开工程之星，选择"设置→连接仪器"，在"输入端口"中输入与前面端口相对应的数字，点击"连接"。连接成功后，蓝牙灯亮起。

7.3.5　静态测量操作方法

S86 提供三种不同的工作模式，分别为：静态模式、基准站模式、移动站模式。静态模式主要用于高等级 GNSS 控制网的布设，将接收机安置于某一固定点上，按一定采样间隔进行一段时间的观测，基准站模式和移动站模式主要用于 GNSS RTK 地形测量、施工放样等。本章主要介绍静态测量的操作方法，RTK 测量的相关设置和操作方法在第十章予以介绍。

1. 操作流程

静态测量模式下的操作比较简单，流程包括：

➤ 通过连接头将接收机主机、测高片连接起来，并固定于基座之上，然后进行对中、整平；

➤ 通过测高片量测仪器高；

➤ 开机，并选择静态模式开始观测，第一次静态观测时需要设置卫星截止高度角和采样间隔；

➤ 关机停止观测；

➤ 记录开、关机时间，仪器高，点号，仪器号。

2. 利用按键进行参数设置

➤ 按电源键开机，并在 5 秒内按 F1 或 F2 进行工作模式的选择；

➤ 选择"静态模式"，如图7.14所示，按电源键确定；

➤ 进入静态工作模式可选择静态模式参数设置；

➤ 按F1选择修改，如图7.15所示，进入参数修改（图7.16）；

➤ 按F1选择"截止角"、"采样间隔"、"采集模式"，并按电源键进行设置，如图7.17所示。截止角和采样间隔按各等级网的要求进行设置，采集模式一般选择"自动"。

图7.14 工作模式选择

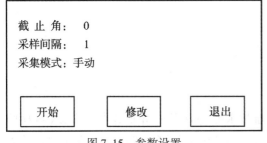

图7.15 参数设置

图7.16 进入参数设置

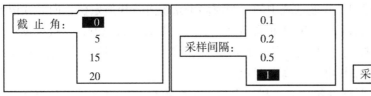

图7.17 截止角、采样间隔、采集模式设置

3. 利用手簿进行参数设置

静态观测参数也可以利用手簿进行设置，操作流程为：

➤ 将手簿和主机相连；

➤ 打开工程之星，点击"设置"→"仪器设置"，选择"静态模式"，如图7.18所示，点击"确定"后设置静态参数，如图7.19所示，包括采集间隔、卫星截止角、PDOP值等。

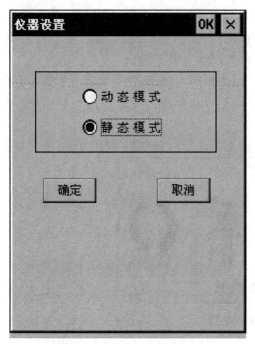

图 7.18　手簿选择静态模式

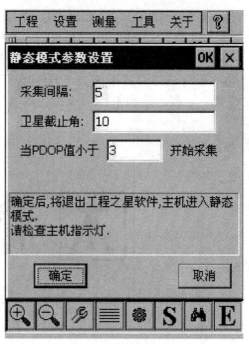

图 7.19　手簿设置静态参数

7.4　星海达 iRTK 接收机

7.4.1　主要部件

星海达 iRTK 接收机是广州中海达卫星导航技术股份有限公司推出的一款 GNSS 接收机，iRTK 采用当前最成熟的 3G 技术，配合 Linux 系统强大的网络功能，不仅可以传输差分数据，还可以完成远程数据采集、图形显示、数据下载上传等功能。支持 GNSS、GLONASS 和 GALILEO 全球卫星导航系统中的一个或多个系统进行导航定位，向导式语音提示辅助快速完成工作模式设置，支持多种语音播报，可定制各地特色方言，批量设置工作参数，组内通用，远程控制，自动远程升级和注册，多样化的数据采集及控制终端（iHand 28G 手簿/PC 主机/平板电脑（高端配置））。

其用于 RTK 测量的主要部件包括，主机、电池、无线电台、接收天线、对中杆，手簿、多用途电缆线、充电器，如图 7.20 所示，各部件的主要功能与前面几种类型的接收机相同。

7.4.2　按键操作与指示灯介绍

在 iRTK 主机的控制面板上仅有三个按键和三个指示灯，包括 F1 键（功能键 1）、F2 键（功能键 2）和电源键，指示灯 3 个，分别为卫星灯、状态灯（双色灯）、电源灯（双色灯）。简单的三个按钮囊括了 iRTK 接收机设置的所有功能。

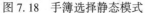 功能键：设置工作模式、UHF 电台功率、卫星高度角、自动设置基站、功能自检、复位接收机等。

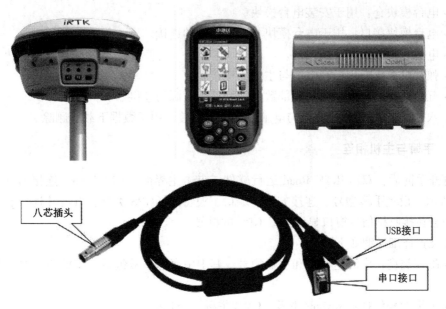

图 7.20 iRTK 接收机的主要部件

[F2] 功能键：设置数据链、UHF 电台频道、采样间隔、恢复出厂设置、静态走走停停、上传静态数据等。

[电源] 开关机电源键：状态查询、设置确定、自动设置基站、语音帮助开关等。

7.4.3 插口功能说明

iRTK 的插口位于主机下方，如图 7.21 所示，包括电台模块仓、电池仓、五芯插座、八芯插座、喇叭等。

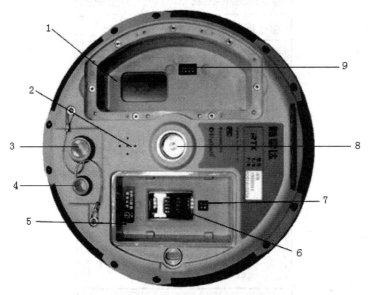

1. 电台模块仓；2. 喇叭；3. 八芯插座及防护塞；4. 五芯插座及防护塞；5. 电池仓；
6. SIM 卡槽；7. 弹针电源座；8. 连接螺孔；9. 电台模块接口

图 7.21 iRTK 底部插口

➢ 电台模块仓：用于安装电台模块。

➢ 电台模块接口：用于电台模块与主机之间的连接。

➢ 电池仓：用于安放锂电池。

➢ 弹针电源座：用于锂电池与主机的连接。

➢ 五芯插座：用于主机与外部数据链和外部电源的连接。

➢ 八芯插座：iRTK 接收机与电脑、手簿的连接，用于数据下载、删除。

7.4.4 手簿与主机相连

打开手簿后，双击 iRTK Road 运行软件，点击主界面"GPS"→"连接 GPS"，如图 7.22 所示。设置手簿型号、连接方式、端口、波特率、GPS 类型，点击【连接】，如果连接成功会在接收机信息窗口显示连接 GPS 的机号。

各设置详细说明如下：

➢ 配置类型：中海达型号和主板型号，其中中海达型号包括：HD5800，HD600，V8，V9 等；

➢ 主板型号包括：Novatel 主板、CMC 主板、CSI 主板；

➢ 型号：根据仪器或主板型号选择；

➢ 手簿类型：为灰色框，此处不可以修改，如需修改，请到【配置】-【手簿选择】-根据说明选择好您使用的手簿类型；

➢ 连接方式：包括：蓝牙、串口、蓝牙 CF 卡；

➢ 端口：选择端口；

➢ 波特率：选择波特率，通常情况连接中海达设备使用 19200；

➢ 搜索：搜索接收机号，如果上方有接收机号则可以不搜索；

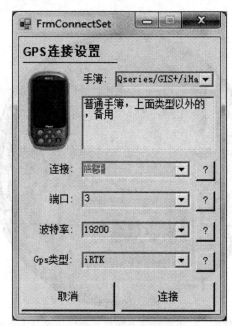

图 7.22 iRTK GPS 连接设置

➤ 停止：搜索到想要连接的接收机号后点击停止；

➤ 连接：点击连接，连接想要设置的接收机；

➤ 退出：退出蓝牙搜索界面。

一般选择"蓝牙"连接，点击"连接"，出现如图 7-23 所示界面，点击"搜索"，找到要连接的主机号，点击"连接"即可。

图 7.23　iRTK 搜索主机编号

7.4.5　基本操作与静态观测

对于面板上的三个功能键的操作主要有点击、双击、长按、超长按，具体说明如表 7.5 所示。

表 7.5　　　　　　　　　　**iRTK 接收机按键操作时间说明**

操 作 名 称	说　　明
单击操作	按键操作在 1 秒钟内完成
双击操作	双击按键操作在 1 秒内完成
长按操作	按键操作大于 3 秒小于 6 秒，听到一声"叮咚"声
超长按操作	按键操作大于 6 秒，听到两声"叮咚"声
长按 F1+电源键开机	按着 F1+电源键，听到"叮咚"声放开
慢闪	灯亮大于 0.5 秒
快闪	灯亮小于 0.3 秒

对主机进行设置，以及静态观测时的操作如表 7.6 所示。

表 7.6 iRTK 按键功能说明

功 能		按键操作	内 容
工作模式		双击 F1	单击 F1 进行"基准站"、"移动台"、"静态"工作模式选择
数据链		双击 F2	单击 F2 进行"UHF"、"GSM"、"外挂"数据链模式选择
UHF 模式	功率	长按 F1	单击 F1 进行高、中、低功率选择
	频道	长按 F2	单击 F1 进行频道逐个减 1，长按 F1 进行频道逐个减 10；单击 F2 进行频道逐个加 1，长按 F2 进行频道逐个加 10
静态	卫星高度角	长按 F1	单击 F1 进行 5 度、10 度、15 度卫星高度角选择
	采样间隔	长按 F2	单击 F2 进行 1 秒、5 秒、10 秒、15 秒采样间隔选择
	走走停停功能	双击 F2	双击 F2 开始记录或者停止记录（只有在手簿开启了走走停停功能后，这个按键才能起作用）
设置确定		单击电源键	语音提示当前工作模式、数据链方式和电台功率、频道，同时电源灯指示电池电量。
自动设置基站		F1+电源键开机	先按住 F1 键，再按电源键开机，直到声音出现"叮咚"声后再松开 F1 键。语音提示确定、当前接收机状态
复位主板和功能自检		超长按 F1	单击 F1 功能自检
			单击 F2 复位主板
上传静态文件和恢复出厂默认值		超长按 F2	单击 F1 上传静态文件
			单击 F2 恢复出厂默认值
电源键	开机	按电源键 1 秒	在关机状态下，长按电源键 1 秒，面板灯全都亮后，松开按键即可开机。
	关机	长按电源键	在开机状态下，长按电源键 3 秒，可正常关机
查询工作状态		单击电源键	在非设置状态下，查询当前工作模式、数据链方式和电台频道，语音提示，同时电源灯指示电池电量
确定设置		单击电源键	在设置状态下，设置确定
开启和关闭语音帮助		双击电源键	双击电源键将开启或者关闭语音帮助
语音帮助			语音帮助开启之后，单击 F1 或 F2 都得到语音帮助
其他按键操作			无效操作：无效按键操作仪器将播放一个"嘟"的警报声，三次错误，播放"无效操作，需要语音帮助请双击电源键"的录音。

静态观测时在所需要观测的点位上安置接收机，完成对中整平，量测仪器高。按照表7.6所示的操作方法，将主机模式设置为"静态"，并设置相关参数，主要包括"卫星截止角"和"采样间隔"，确定后接收机即可开始静态观测，并自动记录数据。

第8章 GNSS 控制网布设

8.1 GNSS 控制网等级的划分和精度指标

在 GB/T 18314—2009 中,将 GPS 测量划分为 5 个等级,分别为 A 级、B 级、C 级、D 级和 E 级,表 8.1 给出了各等级 GPS 测量的主要用途。在实际测量工作中,应根据具体测量任务书或测量合同中的点位精度要求选择合适的测量等级,而不应该以等级来确定其用途。

表 8.1   GPS 控制网等级划分及用途

级 别	用 途
A	国家一等大地控制网,全球性的地球动力学研究、地壳形变、建立全球性参考框架
B	国家二等大地控制网,区域性的地球动力学研究和地壳形变
C	三等大地控制网,区域、城市及工程测量的基本控制网
D	四等大地控制网
E	中小城市、城镇及测图、地籍、土地信息、房产、物探、勘测、建筑施工等

对不同等级的 GPS 控制网,测量的点位精度有不同的要求,根据 GB/T 18314—2009,A 级 GPS 网由卫星连续运行站构成,其精度应不低于表 8.2 的要求;B、C、D、E 级 GPS 网的精度不低于表 8.3 的要求。

表 8.2   A 级网的精度指标

级别	坐标年变化率中误差		相对精度	地心坐标各分量年平均中误差/mm
	水平分量/(mm/a)	垂直分量/(mm/a)		
A	2	3	1×10^{-8}	0.5

表 8.3   B、C、D、E 级 GPS 网的精度指标

级别	相邻点基线分量中误差		相邻点平均距离/km
	水平分量/mm	垂直分量/mm	
B	5	10	50
C	10	20	20
D	20	40	5
E	20	40	3

根据 CJJ73—97 中各等级城市 GPS 测量的相邻点间基线长度的精度用式（8.1）表示，具体要求见表 8.4。

$$\sigma = \sqrt{a^2 + (bd)^2} \qquad\qquad (8.1)$$

表 8.4   **城市 GPS 测量精度指标**

等级	平均距离/km	a/mm	b/10⁻⁶	最弱边相对误差
二等	9	≤10	≤2	1/12 万
三等	5	≤10	≤5	1/8 万
四等	2	≤10	≤10	1/4.5 万
一级	1	≤10	≤10	1/2 万
二级	<1	≤15	≤20	1/1 万

8.2 GNSS 控制网点位布设

在布设 GNSS 网点位置时，首先要充分了解测区及周边的基本情况，包括已知的国家平面控制点、水准点、GPS 点以及卫星定位连续运行站（CORS）的资料，以及测区内的地形图、交通图、近期发展规划、气象条件等。在此基础上在图上设计出选点的大概位置，一般选在交通便利、人员容易到达的地方。

8.2.1 选点要求

1. 选点的基本要求

图上确定的点位只是其总体分布情况，具体位置需测量人员到达现场后确定，根据国家规范《全球定位系统（GPS）测量规范》的要求，在进行选点作业时，要尽可能满足以下要求：

➢ 测站四周视野开阔，对空通视好，高度角 15°以上不宜有成片障碍物，测站上便于安置 GPS 接收机和天线，可方便进行观测；

➢ 远离大功率的无线电信号发射源（如电台、电视塔、微波中继站等），以免卫星信号受到干扰。与高压电线、变压器保持一定距离；

➢ 测量应远离房屋、围墙、广告牌、山坡及大面积水面（湖泊、池塘）等信号反射物体，以免引起多路径效应；

➢ 测站应位于地质条件良好、点位稳定、易于保存的地方，并尽可能兼顾交通便利等条件；

➢ 应充分利用符合要求的原有控制点的标石和观测墩；

➢ 尽量使测站附近的小环境（地形、地貌、植被等）与周围大环境一致，以避免减少气象元素的代表性误差。

2. 选点作业

实际作业时，选点人员应按照如下要求进行：

➤ 按照图上确定的初步位置，根据对点位的基本要求，在实地确定具体位置，并做好标记；

➤ 利用旧点时，应对旧点的稳定性、可靠性和完整性进行检查，符合要求时方可使用。

➤ 点名应以其所在地命名，C、D 和 E 级 GPS 点的点名也可取山名、地名、单位名，有多个点时可在点名后加（一）、（二）予以区分。少数民族地区的点名应使用准确的音译汉语名，在音译后可附原文。

➤ 新旧点重合时，应沿用旧点名，一般不应更改，如由于某些原因确需要更改，要在新点名后加括号注上旧点名。GPS 点与水准点重合时，应在新点名后的括号内注明水准点的等级和编号。

➤ 新旧 GPS 点均需要在实地按规范要求的形式绘制点之记，所有内容均要求在现场仔细记录，不得事后追记。A、B 级 GPS 点在点之记中应填写地质概况、构造背景及地质构造略图。

➤ 点周围存在 10° 以上的障碍物时，应按规范绘制点的环视图；

➤ 选点工作完成后，按规范要求绘制 GPS 网选点图。

3. 选点成果

选点作业完成后，应提交如下成果资料：

➤ 用黑墨水笔填写的点之记（表 8.5）和环视图；

➤ GPS 网选点图；

➤ 选点工作总结。

8.2.2　埋设标石

各级 GPS 点均应埋设固定的标石或标志。A 级 GPS 点标石与相关设施的技术要求按 CH/T2008 的有关规定执行。B 级 GPS 点应埋设天线墩，C、D、E 级 GPS 点在满足标石稳定、易于长期保存的前提下，可根据具体情况选用。

在埋设的标石上应设有中心标志。基岩和基本标石的中心标志应用铜或不锈钢制作。普通标石的中心标志可用铁或坚硬的复合材料制作。标志中心应该刻有清晰、精细的十字。图 8.1 给出了某单位生产的 GPS 标志。

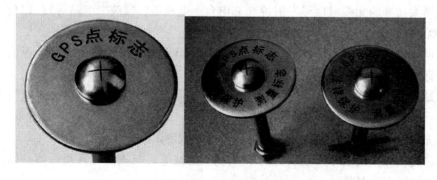

图 8.1　GPS 点标志示例

根据 GPS 测量国家规范（GB/T 18314—2009），在进行埋石作业时，要按如下要求进行：

➤ 各级 GPS 点的标石一般应用混凝土灌制。有条件的地方也可以用整块花岗岩、青石等坚硬石料凿制，其规格不应小于同类混凝土标石。埋设天线墩、基岩标石、基本标石时，应现场浇灌混凝土，普通标石可以预制后运往各点埋设；

➤ 埋设标石时，各层标志中线应严格位于同一铅垂线上，其偏差不得大于 2mm。强制对中装置的对中误差不得大于 1mm；

➤ 利用旧点时，应该确认该标石完好，并符合同级 GPS 点埋石的要求，且能长期保存。上标石被破坏时，可以下标石为准重新埋设上标石；

➤ 方位点上应埋设普通标石，并加以注记；

➤ GPS 点埋石所占土地应经土地使用者或土地管理部门同意，并办理相关手续。新埋标石及天线墩应办理测量标志委托保管书，一式三份，交标石的保管单位或个人一份，上交和存档一份。利用旧点时，需对委托保管书进行核实。不落实时，应重新办理委托保管手续；

➤ B、C 级点的标石埋设后至少需经过一个雨季，冻土地区至少需经过一个解冻期，基岩或岩层标石至少需经一个月后，方可用于观测；

➤ 现场浇灌混凝土标石时，应在标石上压印 GPS 点的类别、埋设年代和"国家设施勿动"等字样。荒漠、平原等不易寻找 GPS 点的地方，还需在 GPS 点旁埋设指示碑，规格见 GB/T 12898—2009。

埋石结束后，需提交的资料为：

➤ 填写了埋石情况的 GPS 点之记；

➤ 土地占用批准文件与测量标志委托保管书；

➤ 标石建造拍摄的照片；

➤ 埋设工作总结。

表 8.5　　　　　　　　　　　　　**GPS 点之记示例**

点　名	珞珈山	点号	GPS P010	类级	C 级	网区	华中区域
所在图幅	7-49-7-甲				点位略图		
概略位置	$B=$ 30 32 13	$L=$ 114 22 02		$H=152$			
所在地	湖北省武汉市武汉大学						
最近住所	武汉大学有宾馆						
供电情况	武汉大学有交流点						
最近水源	武汉大学有自来水						
最近邮电	武汉大学有邮局、电话						
石子来源	武汉市××市场购买						
沙子来源	武汉市××市场购买						
地类	草地	土质	黄土	单位：m		比例尺：1:5000	

81

冻土深度	无	解冻深度	无	交通线路图	
本点交通情况（至本点通路与最近车站、码头名称及距离）	从武汉大学正门行至研究生院珞珈山脚下，沿台阶上到山顶后再向东行 500 米就到该点。该点位于道路旁边。				
地质概要、构造背景				地形地质构造图	
点位位于地块情况，描述活动断裂带，描述地震情况，点位地质岩性、地下水情况、水文潮汐情况、土层覆盖厚度情况。					
埋石情况				标识类型	混凝土预制标石
埋石者	张××			标识断面图	
单位	湖北省×××测绘单位				
埋石日期	××××年××月××日				
委托保管情况					
保管人	李××				
单位	武汉大学×××学院				
地址	武汉市珞喻路 299 号				
邮编	430072				
电话					
备注					

8.3 观测计划的设计

在完成选点埋石工作之后，正式开始观测之前，必须要做好外业的观测计划，计划中应包括接收机的基本参数设置，观测时长，每观测完一个时段后，作业人员如何调度，相邻同步图形之间的连接方法，遇到特殊情况如何处理等。

8.3.1 基本技术要求

A 级 GPS 网属于连续运行参考站，其观测的技术要求参考 CH/T 2008 中的有关规定。B、C、D 和 E 级 GPS 网测量的技术要求如表 8.6 所示。

表 8.6　　B、C、D 和 E 级 GPS 网测量的基本技术要求（GB/T 18314—2009）

项　　目	级　　别			
	B	C	D	E
卫星截止高度角（°）	10	15	15	15
同时观测有效卫星数	≥4	≥4	≥4	≥4
有效观测卫星总数	≥20	≥6	≥4	≥4
观测时段数	≥3	≥2	≥1.6	≥1.6
时段长度	≥23h	≥4h	≥60min	≥40min
采样间隔（s）	30	10~30	10~30	10~30

说明：

（1）有效卫星指连续观测不短于一定时间的卫星，对于 B、C、D 和 E 级 GPS 网，该时间为 15min。

（2）计算有效卫星总数时，应将各时段的有效观测卫星数扣除重复卫星数。

（3）时段长度为从开始记录数据至结束记录之间的时间段。

（4）观测时段数大于等于 1.6 是指采用网观测模式时，每测站至少观测一时段，其中至少 60% 的测站至少观测 2 个时段。

8.3.2　制订调度计划

制作调度计划的主要目的是每观测完一个时段之后，各测量小组在下一个时段中的点位安排，实习中各小组组长与队长共同协商，制定出能够完全满足要求，工作量又较少的观测计划。同时，根据调度计划，可以绘制 GPS 观测网，在 GPS 网中除了要满足 8.3.1 节所要求的基本技术参数外，一般要求短边必测（相邻两点之间有同步观测，能够连接形成基线）。此外，实习中要求同步观测环采用边连式，即两个同步观测环之间至少有 2 个以上的公共点。下面以实际例子进行说明。如图 8.2 所示为一 GPS 网，点 AA06 与点 AA04，点 AA06 与点 AA17 为相邻点，但相邻点之间没有同步观测，因此也没有基线相连，不满足上述的"短边必测"的要求。

假设需要观测的 GPS 网中共有 12 个点，其中包含 2 个已知点，如图 8.3 所示。计划投入 6 台 GPS 接收机进行观测，制定的外业观测计划如表 8.7 所示。

表 8.7　　　　　　　　　　　　某 GPS 网的外业观测计划

时段号	组 1	组 2	组 3	组 4	组 5	组 6
1	GR08	RS04	RS03	YG03	RS01	RS02
2	RS05	RS07	RS06	GR08	RS04	RS03
3	RS08	DQ04	RS09	RS05	RS07	RS06
4	RS08	DQ04	RS09	GY03	RS01	RS02

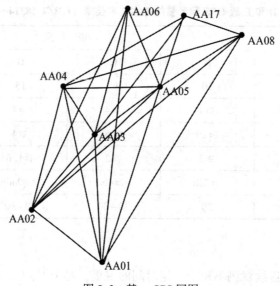

图 8.2　某一 GPS 网图

根据表 8.7 的观测计划，绘制的 GPS 观测网如图 8.3 所示。在图 8.3 中，每个点保证了至少观测 2 个时段，同时相邻的点之间都有基线相连。

第一时段 ——————
第二时段 ——————
第三时段 ----------
第四时段 —·—·—·—

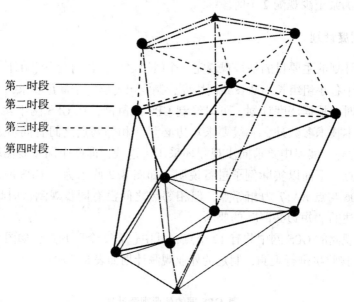

图 8.3　由表 8.7 的观测计划得到的 GPS 网

8.4　外业观测

在外业观测时，首先根据基本技术要求，对接收机设置统一的卫星截止高度角和采样间隔。需要说明的是，规范中所给出的卫星截止高度角和采样间隔应理解为上限值，实际

84

作业时，可以根据接收机容量、观测精度、观测时长等适当减小，如卫星截止高度角可低至5°，采样间隔可短至5s。这样可保证数据的冗余，在内业利用软件进行基线解算时，可以进一步对这两个参数进行重新设置。例如，如果外业采集时卫星截止高度角为5°，那么内业可以选择设置为5°、10°、15°等，而如果外业的卫星截止高度角为15°，内业计算时设置的卫星截止高度角则不能低于15°，低于15°也是没有意义的。不同类型的GNSS接收机静态观测的参数设置在第7章已经介绍，在此不做重复。

参数设置好之后即可进行设站观测，设站的方法与普通地面测量基本一致，也需要完成对中、整平两步。将天线（或主机）安放在基座上，通过光学对中器或垂球进行对中，对中误差不超过1mm，用圆水准气泡或水准管整平仪器。仪器安置好之后，从互为120°的三个方向量测天线高，互差不应大于3mm，否则应重新对中、整平后再量测天线高。某些GPS接收机安置时需进行定向，将天线上的标志线指向正北，一般可采用罗盘来完成，并顾及磁偏角改正。

仪器安置完成后即可开机进行观测，观测过程中可以通过主机按键、菜单、手簿等查看接收卫星的状况，如卫星个数、高度角、方位角、PDOP值等，同时填写"GPS测量手簿"，如表8.8所示。天线高在观测时段前后各量测一次，两次之差不超过3mm，取中数作为最后的天线高。

在观测过程中，应按如下要求进行：

（1）各作业组必须严格遵守调度计划，按规定时间完成作业。

（2）经检查接收机电源电缆和天线连接无误后方可开机。

（3）只有在有关指示灯和仪表显示正常后方可进行接收机的自我测试，输入测站、观测单元和时段等控制信息。

（4）按要求填写观测手簿。

（5）观测时，在接收天线50m以内不得使用电台，10m以内不得使用对讲机。

（6）在一个观测时段中，不允许有下列操作：

关机后重新启动接收机；

进行仪器自检；

改变截止卫星高度角或采样间隔；

改变天线位置；

关闭文件或删除文件。

（7）观测期间防止接收设备震动，更不得移动天线，防止其他人员或物体碰动天线或阻挡信号。

（8）观测结束后，应仔细检查所有作业项目，手簿记录是否完整，确保没有问题后放可迁站。

8.5 外业记录

8.5.1 记录内容

在接收机设定为"自动"记录的情况下，当观测卫星个数满足要求后，接收机会自动存储观测的数据（一般应包括：C/A码、P码伪距观测值、双频载波相位观测值、观测时刻、卫星广播星历），存储的文件名一般由接收机自动生成，例如：接收机编号（后四位）+观测的年月日（三位）+当天内的时段号（一位，0~9 或 A~Z），最后三位为扩展符（不同厂家的接收机不同）。对应同一台接收机而言，不同时段可能位于不同的点上，因此，为了区分每个时段的记录文件所对应的观测点，测量员还必须记录如下信息：测站名、点号、时段号、接收机编号、天线高、观测日期等，这些信息应完整、清晰地填写于记录手簿上，记录手簿如表 8.8 所示。

8.5.2　记录手簿

GPS 的外业观测手簿如表 8.8 所示。

表 8.8　　　　　　　　　　　　　**GPS 观测记录手簿**

点号		点名		图幅编号	
观测记录员		观测日期		时段号	
接收机型号 及编号		天线类型 及编号		存储介质类型 及编号	
原始观测 数据文件名		RINEX 格式 数据文件名		备份存储介质 类型及编号	
近似纬度	° ′ ″ N	近似经度	° ′ ″ E	近似高程	m
采样间隔		开始记录时间	h　min	结束记录时间	h　min
天线高测定		天线高测定方法及略图		点位略图	
测前：测后： 　测定值 m 　修正值 m 　天线高 m 　平均值 m					
时间（UTC）		跟踪卫星		PDOP	
记事					

说明：

（1）图幅编号填写点位所在的1：50000地形图编号。

（2）时段号按调度指令安排的编号填写；观测时间写年、月、日。

（3）接收机型号及编号、天线类型及编号均填写全名，主机及天线编号从主机和天线标牌上查取。

（4）近似经纬度填至1′，近似高程填写至100m。

（5）点位略图按点附近地形地物绘制，应有3个标定点位的地物点，比例尺大小视点位的具体情况确定，点位环境发生变化后，应注明新增障碍物的性质，如树木、建筑物等。

（6）测站作业记录，B级每4h记录一次，C级每2h记录一次，D、E级观测开始与结束时各记录一次。

（7）记事中记载天气状况，按晴、多云、阴、小雨、中雨、大雨、小雪、中雪、风力、分向逐一填写，同时记录云量及分布；记载是否进行了偏心观测，以及其他重要问题及处理情况等。

8.5.3　记录要求

填写记录手簿时，做到如下要求：

（1）及时填写各项内容，书写要认真仔细，字迹清晰、工整、美观。

（2）一律用铅笔进行记录，不得转抄和事后追记。书写有误时，用铅笔整齐画掉，将正确数据写在上面并注原因。其中，天线高、气象读数等原始记录不准连环涂改。

（3）手簿整饰，存储介质上的注记和各种计算一律用蓝（黑）墨水笔填写。

（4）接收机内存储的数据文件应及时拷贝成一式两份，并在存储介质外面贴上标签，注明网区名、点名、点号、观测单元号、时段号、文件名、采集日期、测量手簿编号等。

第9章 GNSS 控制网的平差计算

9.1 平差软件简介

实习中主要采用南方 GNSS 接收机，因此，本节主要以南方 GNSS 后处理软件为例说明网平差的计算流程和具体操作方法。

南方 GNSS 后处理软件 "GPSADJ 基线处理与平差软件" 的主要功能是对 GPS 静态观测数据进行基线处理，并将结果进行约束整网平差，得出控制网成果。附带的工具软件有，坐标转换及四参数计算、数据格式转换、星历预报、数据质量检查等。该软件能处理南方公司各种型号 GPS 接收机采集的静态数据，也可处理标准 RINEX 格式的数据。软件可在广州南方测绘有限公司网站下载安装，在此不详细叙述。

主界面如图 9.1 所示，采用传统经典的菜单、工具栏操作模式，文件的管理以项目文件方式，界面的左边是快捷状态栏，按照软件的操作步骤顺序排列。

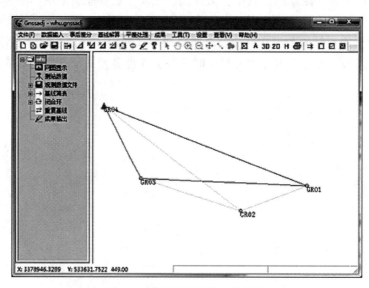

图 9.1 南方后处理软件主界面

➢ 网图显示：用以显示网图和误差椭圆。

➢ 测站数据：显示每个原始数据文件的详细信息，包括所在路径，每个观测数据的文件名、点名、天线高、采集日期、开始和结束时间、单点定位的经纬度和大地高。在该状态下，可以增加或删除数据文件，以及修改点名和天线高。

➢ 基线简表：显示基线解的信息，包括基线名、观测量、同步时间、方差比、中误差、水平分量、垂直分量、X 增量、Y 增量、Z 增量、距离、相对误差。

> 闭合环：查看最小独立闭合环、最小独立同步闭合环、最小独立异步闭合环、重复基线、任意选定基线组成闭合环的闭合差。

> 重复基线：显示重复观测的基线。

> 成果输出：查看自由网平差、三维约束平差、二维约束平差、高程拟合等成果以及相应的精度分析。

9.2 数据下载及整理

9.2.1 数据下载

目前新的 GNSS 接收机文件系统都是采用标准的兼容 Windows 磁盘文件系统，传输协议采用 USB MASS STORAGE 标准协议。因此，数据的下载比较简单，只需用设备配套的专用数据传输线将主机（串口）和电脑（USB）连接，打开主机后即可以移动硬盘形式显示在电脑上，打开"移动硬盘"，如图 9.2 所示。将观测文件直接拷贝出来即可。

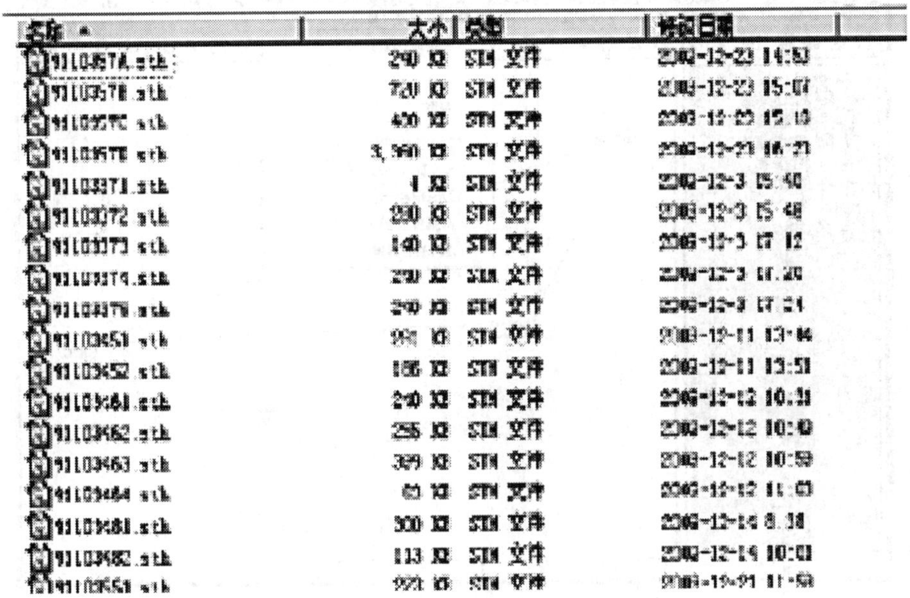

图 9.2　接收机主机中的文件

9.2.2 修改文件名

根据 8.5.1 节的介绍，接收机在自动生成的文件名是以接收机编号后四位作为文件名的前四位字符，因此，无论一台接收机观测了多少个时段，无论在多少个点上进行观测，其保存数据的文件名前四位都是相同的。而很多数据处理软件在导入数据时，都默认文件名的前四位是观测点的点号。所以，为了将每个数据文件与所在的观测点相互对应起来，在进行数据处理前，首先要根据 GPS 外业观测手簿，对文件名进行修改，将原始文件名的前四位修改为对应观测点的点号。如原始文件名为 86061512. sth 的文件观测对应的点号为 YG02，则应将文件名改为 YG021512. sth。

9.2.3 格式转换

直接从 GPS 接收机中下载的数据是以二进制形成进行存储，不同厂家所定义的二进制格式都不相同，存储内容除了观测数据以外还包含一些专有信息，这种格式一般称为"本机格式"。只有与接收机配套的数据处理软件才能够读取和处理这种格式，如果要使用其他数据处理软件或有两种以上厂家的 GPS 接收机进行了同步观测，则需要将数据格式转换为标准的 RINEX（receiver independent exchange format，与接收机无关的交换格式）数据格式。不同厂家一般都提供相应的数据格式转换工具，以用于将观测文件转换为 RINEX 格式。以下以南方 GNSS 接收机和中海达接收机为例进行说明。

1. 南方 GPS 观测数据格式转换

打开数据后处理软件，选择菜单中"工具→Sth to Rinex4. 0"如图 9.3 所示。

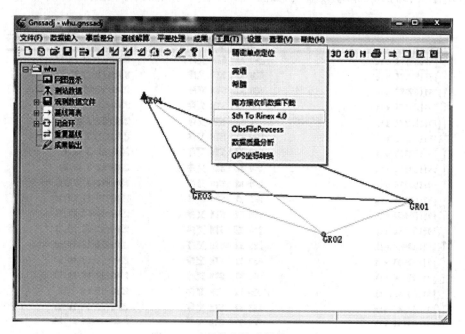

图 9.3　选择数据格式转换工具

随后出现数据格式转换工具，如图 9.4 所示。

单击"输入路径"可以读入要转换的文件，单击"输出路径"可以指定转换结果（RINEX 文件）保存的位置，界面中间可以选择输出的 RINEX 文件版本号、输出的卫星系统（GPS、GLONASS、SBAS），点击"编辑"按钮出现图 9.5 所示界面，可以修改"测站点名"、"量测的天线高"等。

输出路径、参数设置好之后，点击"转换"按钮即可完成数据格式的转换。

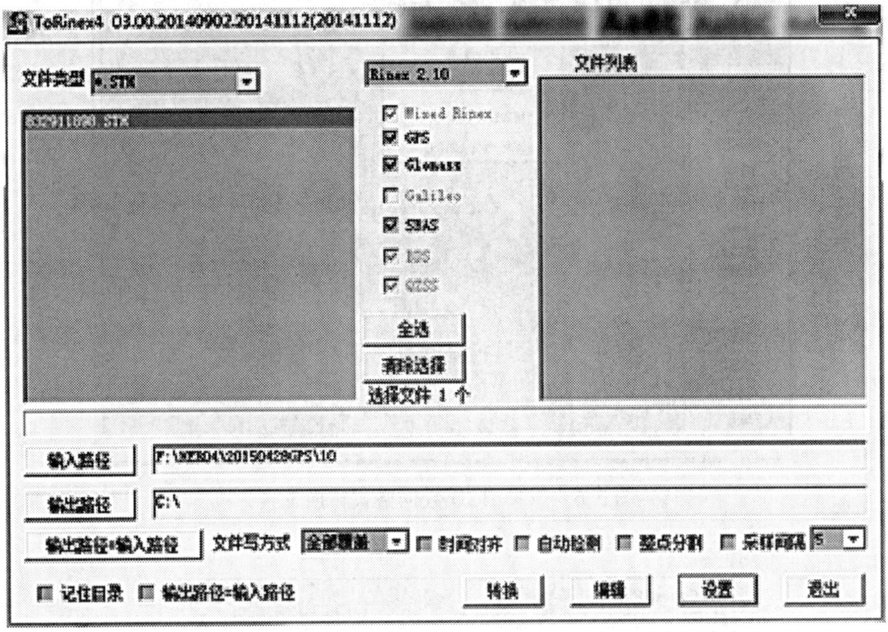

图 9.4　格式转换工具

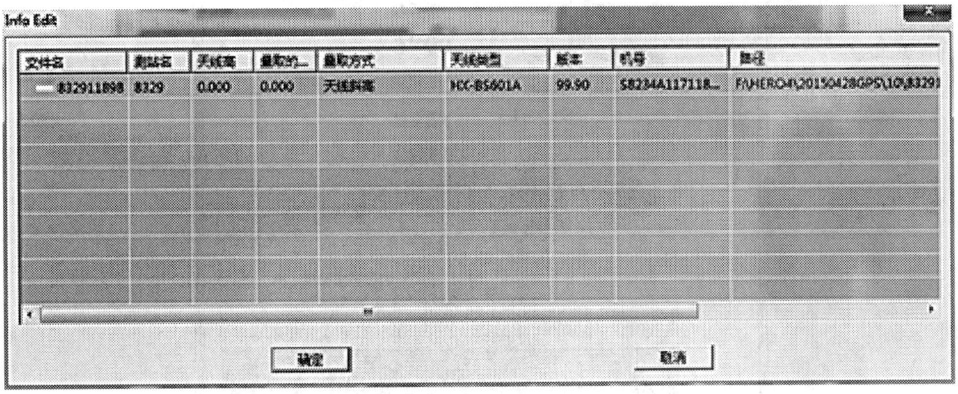

图 9.5　编辑界面

2. 中海达 GPS 数据格式转换

打开中海达 GPS 后处理软件包 HGO，并选择菜单"工具→Rinex 转换工具"，如图 9.6 所示。

随后出现数据格式转换工具，如图 9.7 所示。

在"输入文件"中单击"打开"选择要转换的文件，在"输出文件"中给定要保存的文件路径。选择输出的 RINEX 文件版本号、输出的卫星系统（GPS、GLONASS、Compass）、给定站点名、仪器量高、量测至何处、仪器真高、天线名，点击"转换"按钮即可完成数据格式的转换。

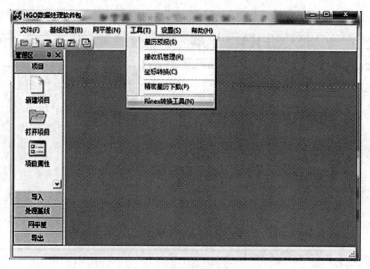

图 9.6　选择 HGO 数据格式转换工具

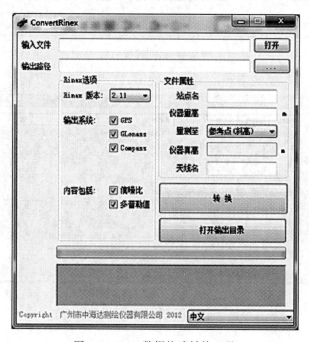

图 9.7　HGO 数据格式转换工具

9.3　网平差计算

9.3.1　处理流程

网平差的处理流程为：

➤ 建立工程：主要是设定工程的有关属性，如项目名称、坐标系统、控制网等级等。

➤ 导入数据：将外业观测数据导入软件中。

➤ 数据编辑：输入天线高、测站点名、已知点坐标等，还可以对观测信号较差的数据进行剔除操作。

➤ 基线解算：计算有同步观测的两测站之间的相对坐标分量。

➤ 平差处理：根据解算出的基线之间的约束关系，平差得到各点的坐标。

➤ 成果输出：输出所需要的解算成果，如闭合差、重复基线、平差成果等。

9.3.2 新建工程

点击"文件"菜单下的"新建"项目，弹出界面如图 9.8 所示。

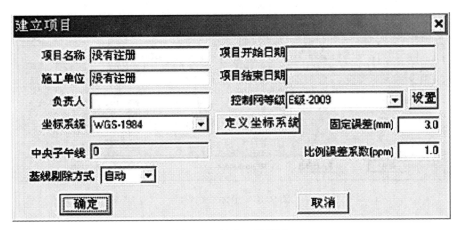

图 9.8 新建工程项目

在对话框中按照要求填入"项目名称"、"施工单位"、"负责人"，选择相应的"坐标系统"、"控制网等级"、"基线剔除方式"，最后点击"确定"按钮，完成操作。如果在"坐标系统"中没有要使用的坐标系，还可以通过"定义坐标系统"由用户自定义坐标系。

9.3.3 数据导入

（1）点击"数据输入"菜单下的"增加观测数据文件"项目，弹出界面如图 9.9 所示。给定原始观测值文件所在的路径，通过点击"文件列表"选择相应的文件。软件可以读入南方测绘 *.sth 观测文件，还可对其他厂商的接收机所采集的数据进行处理。处理的方法是先把其他非南方 GPS 接收机采集的数据转换为标准的 RINEX 2.0（兼容 RINEX 1.0）格式，然后在"文件类型"中选择"Rinex"即可显示 RINEX 格式文件，仍然通过"文件列表"进行选择。

（2）点击"数据输入"菜单下的"导入基线数据"可以读入已经解算好的基线文件（文件后缀名为 .SthBaseL）。

（3）点击"数据输入"菜单下的"坐标录入"可以输入已知点坐标，如图 9.10 所示。

图 9.9　增加观测数据文件

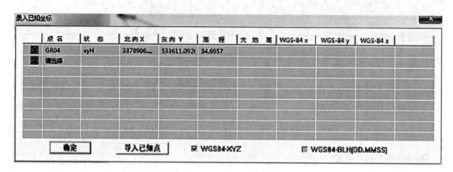

图 9.10　坐标录入界面

选择已知点的"点名"，给定坐标状态，然后输入相应的坐标。

9.3.4　数据编辑

（1）点击左边状态栏中的"测站数据"如图 9.11 所示，右边显示每一个测站 ID 的相关信息，在此状态下，可以修改已知点的坐标，"测站点名"。

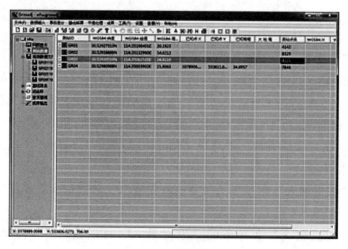

图 9.11　观测测站信息

（2）点击左边状态栏中的"观测数据文件"，如图 9.12 所示，右边显示每一个观测文件的路径、观测日期、开始结束时间、测站 ID、天线高、量取的天线高、量取方式、天线类型等。在此状态下一步只需要修改"量取的天线高"和给定"量取方式"。

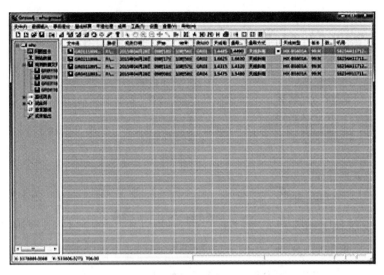

图 9.12　观测数据文件信息

（3）在左边状态栏中，展开的"观测数据文件"下显示了每一个观测文件。单击每一文件，可以查看文件中观测卫星的历元数、采样间隔、周跳失锁情况。双击每一个观测文件，弹出如图 9.13 所示，在此界面下可以对观测数据进行编辑，删除失锁较多的观测卫星，点击界面左上角 ▶ 图标，然后画矩形删除不需要或失锁较多的卫星。

图 9.13　单个观测文件信息

9.3.5 基线解算

（1）点击"基线解算"菜单下的"静态基线处理设置"首先处理基线的相关参数，如图 9.14 所示。

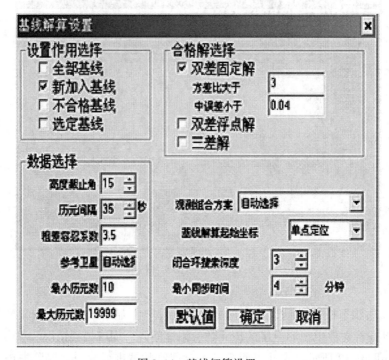

图 9.14　基线解算设置

图 9.14 中各设置参数含义如下：

➢ 设置作用选择

全部解算：对所有导入软件的观测数据文件进行解算。当一条基线解算结束并解算合格（一般情况下要求比值即方差比大于 3.0）后，网图上表示的基线边将变红。不合格的基线将维持灰色。

新增基线：对新增加进来的基线单独解算。

不合格基线：软件只处理上次解算后不合格的基线。

选定基线：只处理已选定的基线。

➢ 数据选择

高度截止角：即卫星高度角截止角，通常情况下取其值为 15.0（度），用户也可以适当地调整使其增大或者减小，但应当注意，当增大卫星高度截止角时，参与处理的卫星数据将减少，因此要保证有足够多的卫星参与运算，且 GDOP 良好，在卫星较多时，取15.0 较为适宜。默认的设置为 15.0。

历元间隔：指运算时的历元间隔，该值默认取 5 秒，可以任意指定，但必须是采集间隔的整数倍。例如，采集数据时设置历元间隔为 15 秒，而采样历元间隔设定为 20 秒，则实际处理的历元间隔将为 30 秒。

粗差容忍系数：数据中常常会含有一定的粗差，在处理工程中，就需要将一些不合格的数据当做粗差剔除，当观测值偏离模型值超过（粗差容忍系数×RMS）时，就认为这组观测值为粗差。通常情况下，不需要修改这个参数。默认的设置为3.5。

参考卫星：由于双差观测值是单差观测值在卫星之间进行差分形成的，所以在组成双差观测值时，为了方便处理，软件采用选取参考卫星的方法。默认的设置是自动方式。这时，软件会选取观测数据最多、而且高度角较高的卫星作参考卫星。但由于观测条件的影响，这样的选择未必最合理，当参考卫星选取不当时，会影响基线处理结果。这时，就需要用户根据观测数据状况重设参考卫星。在重设参考卫星时，首先根据卫星预报、野外观测记录、前面基线处理的结果状况综合进行选择。如任意选择一颗根本没有观测到的卫星是没有意义的。

最小历元数：观测过程中，接收机必须观测到连续的载波相位，如一段数据连续出现周跳，则这一段数据的质量通常很差，常常影响基线处理的质量，因此，通常应该将其剔除。因此在基线处理过程中，软件会将观测连续历元数不超过最小历元数的数据段剔除。默认值为10。

最大历元数：软件默认值为1999。

➢ 合格解选择

选项包括双差固定解、双差浮动解、三差解。双差固定解是指模糊度能够固定为整数的情况下求解出的基线向量，一般认为此解算结果是最优的；双差浮动解是模糊度为实数所求得的基线向量；三差解是在双差观测值的基础上，进一步对相邻历元间求差，从而消去整周模糊度解算出的基线向量，其实值是一种浮点解，因为没有对模糊度进行取整和回代。

➢ 观测组合方案：一般初始解算时采用"自动选择"模式解算。
➢ 闭合环搜索深度：用于调节闭合环的边数，此处调节应根据GPS测量规范操作。
➢ 最小同步时间：同步观测时间小于设定值的同步时间时基线将不参与计算。

9.3.6 平差处理

（1）在进行平差处理时，首先设置相关的参数，点击"平差处理"菜单中的"平差参数设置"，如图9.15所示。

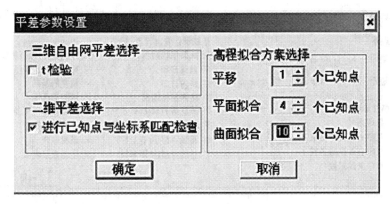

图9.15　平差参数设置

本项设置为选择已知点坐标与坐标系匹配的检查和高程拟合方案。在图 9.15 中的"二维平差选择"中作了选择后，在进行平差计算时，若输入的已知点坐标和概略坐标差距过大，软件将不进行平差。反之，如没有选择，软件对平差已知点不作任何限制。无论输入怎样的已知点坐标，都能计算平差结果。高程拟合方按选取适当的已知水准点来拟合 GPS 高程控制网，最大限度减少高程异常带来的误差或错误。

（2）自动处理。平差参数设置后，基线处理完即可进行基线的"自动处理"，此时软件将会自动选择合格基线组网。

（3）三维平差。组网完成后进行三维自由网平差，提供各控制点在 WGS-84 系下的三维坐标（经度、纬度、大地高），各基线向量三个坐标差观测值的总改正数，基线边长以及点位边长的精度信息、误差椭圆。一般在自由平差时会固定任意一点。

（4）二维平差。在三维自由网平差的基础上，根据输入的已知点坐标对平面位置点进行二维约束平差，约束平差提供在北京 54、西安 80、WGS-84 坐标系，或者城市独立坐标系的二维平面坐标、基线向量改正数、基线边长，以及坐标、基线边长的精度信息、转换参数、误差椭圆等。

（5）高程拟合。测量工作是在地面进行的，而地球的自然表面是一个不规则的复杂曲面，不能用准确的数学模型来描述，也就不能作为基准面。在实际测量中采用与平静海平面相重合大地水准面来代替地球的实际表面，而在全球定位系统中采用的坐标系统是 WGS-84 坐标，这就存在一个转换问题，该转换可根据已有的高程点进行拟合。

（6）网平差计算。约束平差提供在北京 54、西安 80、WGS-84 坐标系，或城市独立坐标系的三维坐标、基线向量改正数、基线边长以及坐标、基线边长的精度信息、转换参数、误差椭圆等。

9.3.7　成果输出

（1）基线解输出：南方测绘 GNSS 基线解算结果 Ver 1.00 格式在此菜单项下文本输出，输出结果可用其他平差软件进行平差计算。

（2）Rinex 输出：将采集的 GPS 静态数据换成标准 Renix 格式文本输出。

（3）平差报告打印输出设置：执行本命令后，出现图 9.16 所示界面，用户可根据需要自行设定所需设置。

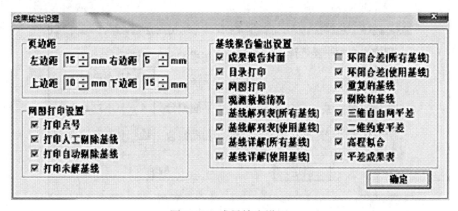

图 9.16　成果输出设置

（4）平差报告预览：打印前预览报告并且可以在预览界面中直接点击打印，打印内容为成果报告封面、目录打印、网图打印、网平差成果。

（5）平差报告打印：打印报告。

（6）平差报告（文本文档）：以 Word 文档形式输出成果报告。

文件自动保存的路径在软件安装路径下，例如：软件安装在 D 盘 program files 目录下，则文本文件输出在 D：\ program files \ 南方测绘仪器公司 \ Gpssouth \ example 下。

（7）差分成果输出：输出事后差分解算的成果报告。

（8）网平差成果：对相应输出选项勾选即可形成文本格式（成果）：以文本文档形式输出网平差成果报告。

（9）平差报告：输出控制网平差成果报告 word 格式。

9.3.8 质量检查

（1）自由网平差要求。根据我国规范要求，GPS 网无约束平差所得出的相邻点距离精度应满足规范中对应等级网的要求。此外，无约束平差基线分量改正数的绝对值（$V_{\Delta x}$，$V_{\Delta y}$，$V_{\Delta z}$）应满足如下要求：

$$V_{\Delta x} \leqslant 3\sigma, \ V_{\Delta y} \leqslant 3\sigma, \ V_{\Delta z} \leqslant 3\sigma$$

式中，σ 为相应等级规定的基线精度。如果基线分量改正数超限，则认为该基线或其他相关基线存在粗差，应在平差中剔除，直到所有参与平差的基线满足要求为止。

（2）约束网平差要求。根据我国规范要求，在 GPS 网约束平差中，基线分量改正数经过粗差剔除后的无约束平差的同一基线相应改正数较差的绝对值（$dV_{\Delta x}$，$dV_{\Delta y}$，$dV_{\Delta z}$）应满足如下要求：

$$dV_{\Delta x} \leqslant 2\sigma, \ dV_{\Delta y} \leqslant 2\sigma, \ dV_{\Delta z} \leqslant 2\sigma$$

式中，σ 为相应等级规定的基线精度。如果结果不满足要求，则认为约束的已知坐标、已知距离、已知方位角中存在一些误差较大的值，应该剔除这些误差较大的约束值，直到满足要求为止。

（3）当布设的控制网中有多余已知点时，也可以根据平差所得到的坐标与已知坐标之间的差值，来评定控制网的质量和精度。

第 10 章　RTK 测量原理与操作

10.1　RTK 测量原理

RTK（real time kinematic）是以载波相位观测值进行实时动态相对定位的技术。其原理是将位于基准站上的 GPS 接收机观测的卫星数据，通过数据通信链（无线电台）实时发送出去，而位于附近的移动站 GPS 接收机在对卫星观测的同时，也接收来自基准站的电台信号，通过对所收到的信号进行实时处理，给出移动站的三维坐标，并估计其精度。

利用 RTK 测量时，至少配备两台 GPS 接收机，一台固定安放在基准站上，另外一台作为移动站进行点位测量。在两台接收机之间还需要数据通信链，实时将基准站上的观测数据发送给流动站。对流动站接收到的数据（卫星信号和基准站的信号）进行实时处理还需要 RTK 软件，其主要完成双差模糊度的求解、基线向量的解算、坐标的转换。

RTK 技术可以在很短的时间内获得厘米级的定位精度，广泛应用于图根控制测量、施工放样、工程测量及地形测量等领域。但 RTK 也有一些缺点，主要表现在需要架设本地参考站，误差随移动站到基准站距离的增加而变大。

10.2　RTK 作业步骤

RTK 的作业步骤一般包括：

（1）选择合适的位置架设基准站。如果使用外挂电台，将电台和主机、电台电源、电台和发射天线连接好，并对基准站进行参数设置。RTK 测量时会受到基准站、移动站观测卫星信号的质量，同时也受到两者之间无线电信号传播质量的影响，流动站由作业时观测点位确定，所以基准站的选择非常重要，一般要求视野开阔，对空通视良好，周围 200m 范围内不能有强电磁波干扰，15°以上不能有成片障碍物。

（2）对移动站进行对应参数的设置。

（3）利用 RTK 软件建立作业工程。

（4）坐标系转换，利用测区内已知点，将 GPS 接收机之间测量的坐标转换到工程作业需要的坐标系统中。

（5）进行点位测量、放样等作业。

（6）成果的输出，将测量或放样的点位坐标导出。

下面对实习中用到的不同型号 GPS 接收机进行 RTK 作业的详细操作步骤进行说明。

10.3 南方灵锐 S82 RTK 操作

10.3.1 基准站的设置

第一次启动基准站时，需要对启动参数进行设置，以后作业时的参数如果没有变化，则不需要再次设置。设置步骤如下：

（1）使用手簿上的工程之星连接主机（参考第 7 章手簿和主机连接）。

（2）点击"配置"→仪器设置→基准站设置（主机必须是基准站模式，如果为其他模式，则需要从"配置"→主机模式设置中把主机设置为基准站模式），出现如图 10.1 所示界面，在此界面下对基站参数进行设置。一般的基站参数设置只需设置差分格式就可以，其他使用默认参数。设置完成后点击右边的图标🔧，基站就设置完成了。保存好设置参数后，点击"启动基站"（一般来说基站都是任意架设的，发射坐标不需要自己输入）。

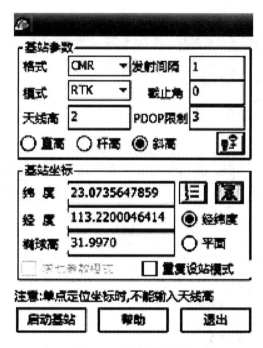

图 10.1 基站设置界面

基站参数里面差分格式是指基站以什么差分格式来发射，主要是 RTCA、RTCM、CMR 以及 RTCM30 四种，在此处选用的差分格式，移动站中必须选用相同的差分格式（天宝板的主机除外，天宝板的主机主板可以自己区分差分格式，所以就不需要对移动站的差分格式进行设置，但天宝板的主机不支持 RTCA 的差分格式，因此用天宝板的移动站时，基站不能选用 RTCA 的差分格式）。

（3）设置电台通道。如果是外挂电台，则在电台的面板上对电台通道进行设置。设置电台通道，共有 8 个频道可供选择。设置电台功率，作业距离不太远，干扰低时，选择低功率发射即可，电台成功发射后，其 TX 指示灯会按发射间隔闪烁。

如果选用内置电台，需要将主机和电脑连接后设置，此项设置可对主机电台的频道的切换和对 1～8 频道的频率进行修改，南方电台频率是 450～470MHz，频率间隔为 0.5MHz，因此每隔 0.5MHz 可设置一个，避免被其他使用者干扰。

设置过程：

➢ 使用串口线将主机与电脑连接，主机处于开机状态（不需要对主机进行特殊设置，主机开机即可）。

➢ 点击"电台设置"将其打开（图 10.2），选择正确的串口，波特率 115200，再点击"打开"即可。在"程序信息"栏中将显示连接信息，提示连接成功或者失败。

➢ 在设置界面可直接进行修改，频道号可通过下拉菜单选择（1～8 任意选择），选择好后再点击"切换"即可。

➢ 如果需要对各频道号对应的频率进行更改，可在相应的频道号后进行更改（频率是 450～470MHz，间隔为 0.5MHz），更改时注意不能超过这个范围，否则更改将失败。

➢ 更改好后，点击"设置频率"按钮即可，并在信息栏中有相应提示。

➢ 如果想恢复主机出厂默认的频率，点击"默认频率"按钮就可恢复到出厂的频率。

图 10.2　内置电台设置

10.3.2　流动站的设置

确认基准站发射成功后，即可开始移动站的架设。步骤如下：

（1）打开移动站主机，将其固定在碳纤对中杆上面，拧上 UHF 差分天线。安装好手簿托架和手簿。

102

（2）将手簿和主机连接，并将接收机设置为移动站电台模式（从"配置"→主机模式设置中）。

（3）点击"配置"→仪器设置→移动站设置。对移动站参数进行设置，一般只需要设置差分数据格式的设置，选择与基准站一致的差分数据格式即可，确定后回到主界面。

（4）通道设置：配置→仪器设置→电台通道设置，将电台通道切换为与基准站电台一致的通道号，设置完之后，等待移动站达到固定解后，即可在手簿上看到高精度的坐标。

10.3.3 建立作业工程

在工程之星主界面点击工程→新建工程，出现新建作业的界面，如图10.3所示。首先在工程名称里面输入所要建立工程的名称，新建的工程将保存在默认的作业路径"\我的设备\EGJobs\"里面，然后单击"确定"，进入参数设置向导，如图10.4所示。

图10.3　新建工程界面

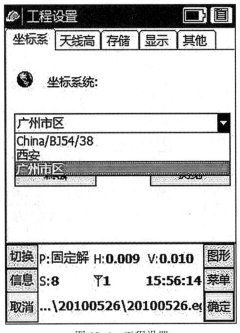

图10.4　工程设置

在"工程设置界面"的顶部有五个菜单：坐标系、天线高、存储、显示和其他。

➤ 坐标系统。坐标系统下有下拉选项框，可以在选项框中选择合适的坐标系统，也可以点击下边的"浏览"按钮，查看所选的坐标系统的各种参数（主要查看中央子午线是否正确）。如果没有合适所建工程的坐标系统，可以新建或编辑坐标系统。

➤ 天线高。输入移动站的天线高，并勾选直接显示实际高程，这样在测量屏幕上显示的便是测量点的实际高程，如果不勾选，屏幕上显示的是天线相位中心即天线头的高程。在此设置了天线高以后，在进行测点时，在天线高不变的情况下不需要另外输入天线高。

➤ 存储。图10.5为存储设置对话框，主要设置存储类型和点的属性。存储类型有三种：一般存储，即对点位在某个时刻状态下的坐标进行直接存储（点位坐标每秒刷新一次）；平滑存储，即对每个点的坐标多次测量取平均值（需要设置平滑次数）；偏移：类似于测量中的偏心测量，记录的点位不是目标点位，根据记录点位和目标点位的空间几何关系来确定目标点。

> 显示。显示是指在测量界面上所显示出来的点位信息（图 10.6）。可以有点名编码和高程，可以多选，也可以选择不显示字体符号、显示的数量（界面上显示多少个点，可以是测量的最后一个点，也可以输入要显示的测量点的个数）；网格线及网格坐标，网格线把界面分成几个网格，这样可以直观地看到点位的大概位置信息；连接所有的测量点，显示在界面上的点是否需要用直线连接起来。

> 其他：主要是卫星截止角、时区等。

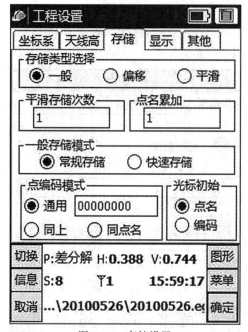

图 10.5　存储设置

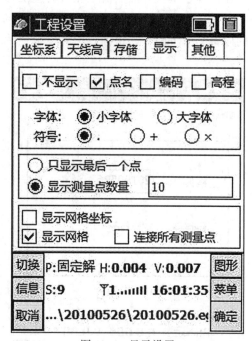

图 10.6　显示设置

10.3.4　坐标转换

GPS 接收机输出的数据是 WGS-84 经纬度坐标，需要转化为施工测量坐标，这就需要软件进行坐标转换参数的计算和设置，坐标转换就是完成这一工作。转换方法一般采用四参数或七参数和高程拟合。在进行四参数的计算时，至少需要 2 个控制点的两套坐标系坐标参与计算才能最低限度地满足控制要求。高程拟合时，使用 3 个点的高程进行计算时，高程拟合参数类型为加权平均；使用 4 到 6 个点的高程时，高程拟合参数类型平面拟合；使用 7 个以上的点的高程时，高程拟合参数类型为曲面拟合。

1. 四参数求解

四参数主要解决两个平面坐标系之间的转换，包括 2 个平移参数，1 个角度旋转，1 个比例尺缩放。求解四参数的控制点至少要用 2 个或 2 个以上，控制点等级的高低和分布直接决定了四参数的控制范围。经验上四参数理想的控制范围一般都在 20~30km^2 以内。

操作方法如下：

➤ 点击"输入"→求转换参数，弹出如图 10.7 所示界面，单击"增加"，出现图 10.8 所示界面增加求四参数的控制点。可直接输入坐标值，也可点击右上角按钮从坐标库中调取坐标值。

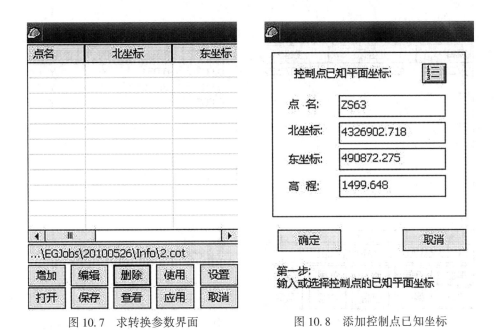

图 10.7 求转换参数界面　　　　　图 10.8 添加控制点已知坐标

➤ 单击"确定"进入图 10.9 所示界面（增加控制点的经纬坐标），可以从所显示的三种方式中获取。单击"从坐标管理库中选点"出现如图 10.10 所示界面，选择所对应的点，确定完成；读取当前点坐标，即在该点对中整平时记录一个原始坐标，并录入到对话框；输入大地坐标，手工输入。一般采用第一种方法。

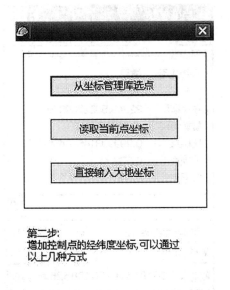

图 10.9 添加控制点原坐标　　　　图 10.10 坐标管理库界面

➤ 这时第一个点增加完成，如图 10.11 所示。单击"增加"，重复上面的步骤，增加另外的点。所有的控制点都输入以后，向右拖动滚动条查看水平精度和高程精度，如图 10.12 所示。查看确定无误后，单击"保存"（建议将参数文件保存在当天工程下文件名 Info 文件夹里面）。

图 10.11　增加完一个控制点

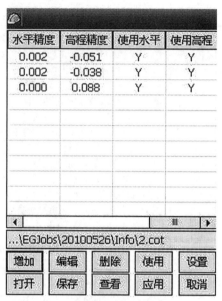

图 10.12　增加多个控制点查看精度

➤ 此时单击右下角的"应用"出现如图 10.13 所示界面，点击"YES"即可。这里如果单击右上角的"X"，这表示计算了四参数，但是在工程中不使用四参数。点击下面的 查看 按钮查看所求的四参数，进入开始界面后可以点击右上角的查看四参数，如图 10.14 所示。

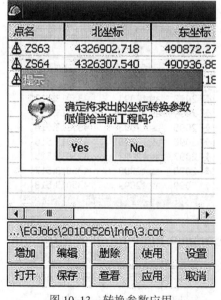

图 10.13　转换参数应用

图 10.14　查看转换参数

2. 七参数求解

操作同四参数求法，先输入至少 3 个已知点的工程坐标和原始坐标，点击"设置"，在"坐标转换方法"的下拉框中选择"七参数"（图 10.15），点击"确定"，返回到求解参界面，"保存"、"应用"即可，七参数计算完毕。

七参数的应用范围较大（一般大于 50 km²），计算时用户需要知道三个已知点的地方坐标和 WGS-84 坐标，即 WGS-84 坐标转换到地方坐标的七个转换参数。

注意：三个点组成的区域最好能覆盖整个测区如图 10.16 所示，这样的效果较好。七参数的控制范围和精度虽然增加了，但七个转换参数都有参考限值，X、Y、Z 轴旋转一般都必须是秒级的；X、Y、Z 轴平移一般小于 1000。若求出的七参数不在这个限值以内，一般是不能使用的。这一限制还是比较苛刻的，因此在具体使用七参数还是四参数时要根据具体的施工情况而定。

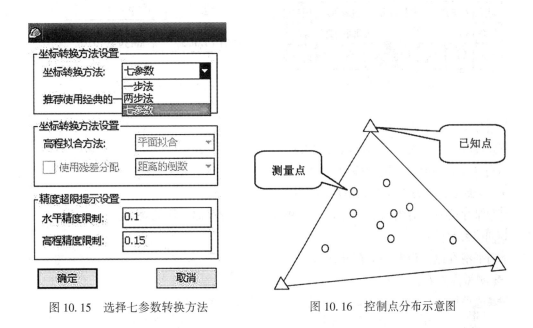

图 10.15　选择七参数转换方法　　　　图 10.16　控制点分布示意图

10.3.5　碎部点测量

在工程之星主界面点击"测量"→"点测量"即可进行碎部点的测量，界面如图 10.17 所示。按"A"键，存储当前点坐标，输入天线高，如图 10.18 所示。继续存点时，点名将自动累加，在图 10.8 的界面中可以看到高程"H"值为"55.903"，这里看到的高程为天线相位中心的高程，当这个点保存到坐标管理库里以后软件会自动减去 2m 的天线杆高，再打开坐标管理库看到的该点的高程即为测量点的实际高程。连续按两次"B"键，可以查看所测量坐标。

在点测量的测量界面最下面有 6 个按钮，前 5 个按钮都有两项功能，按"⬆"可以来回切换，功能如下：

🔍对窗口显示内容进行缩小；

🔍对窗口显示内容进行放大；

107

图 10.17　点测量界面

图 10.18　保存测量点界面

[图标] 对窗口显示内容全部显示；

[图标] 对窗口显示内容局部显示或放大；

[图标] 对窗口显示内容进行移动。

点击 [图标] 会出现另外 5 个菜单功能。

[保存] 保存按钮，对当前点进行储存，和按 "A" 键存储一样的效果；

[偏移] 偏移存储；

[平滑] 平滑存储，设置平滑存储次数；

[查看] 测量点查看；

[选项] 选项按钮，修改屏幕缩放方式，有自动和手动两种方式。

10.3.6　放样

1. 点放样

在工程之星主界面点击 "测量" → "点放样"，进入放样屏幕如图 10.19 所示。点击 "目标" 按钮，打开放样点坐标库，如图 10.20 所示，在放样点坐标库中点击 "文件" 按钮导入需要放样的点坐标文件并选择放样点（如果坐标管理库中没有显示出坐标，点击 "过滤" 按钮看是否需要的点类型没有选上）或点击 "增加" 直接输入放样点坐标，确定后进入放样指示界面，如图 10.21 所示。

放样界面显示了当前位置与目标点位之间的距离，应向北移动×××m，向东移动×××m，根据提示进行移动放样。在放样过程中，当前点移动到离目标点 1m（可在 "选项" 中设定）的距离以内时，软件会进入局部精确放样界面，同时软件会给控制器发出声音提示指令，控制器会有 "嘟" 的一声长鸣音提示。点击 "选项" 按钮出现如图 10.22 所示点放样选项界面，可以根据需要选择或输入相关的参数。

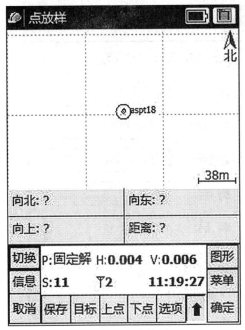

图 10.19 点放样界面

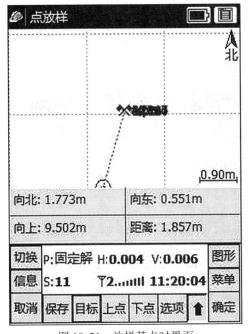

图 10.21 放样某点时界面

图 10.20 放样点库

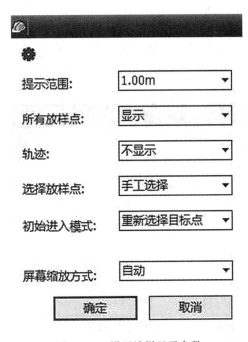

图 10.22 设置放样显示参数

在放样界面下还可以同时进行测量，按下保存键 A 按钮即可以存储当前点坐标。在点位放样时选择与当前点相连的点放样时，可以不用进入放样点库，点击"上点"或"下点"（图 10.23）并根据提示选择即可。

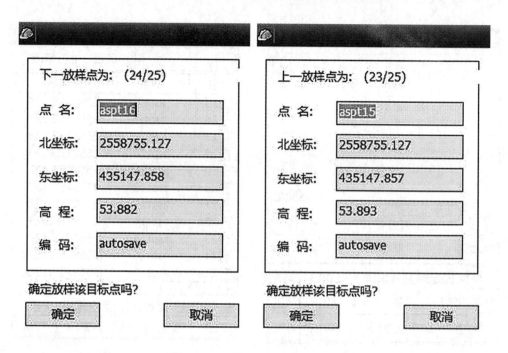

图 10.23　放样上一点或下一点

2. 直线放样

　　打开工程之星，在主界面点击"测量"→"直线放样"，如图 10.24 所示。点击"目标"，打开线放样坐标库（图 10.25），放样坐标库的库文件为 *.lnb，选择要放样的线即可（如果有已经编辑好的放样线文件）。

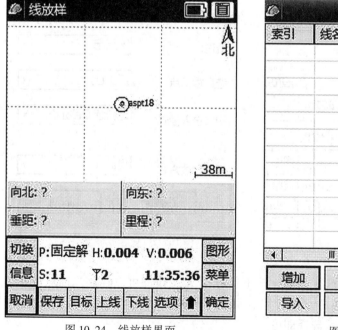

图 10.24　线放样界面

图 10.25　线放样库

如果线放样坐标库中没有线放样文件，点击"增加"，输入线的起点和终点坐标就可以在线放样坐标库中生成线文件，如图 10.26 所示。如果需要里程信息，在下面可以输入起点里程，这样在放样时，就可以实时显示出当前位置的里程（这里里程的意思是从当前点向直线作垂线，至垂足点的里程）。

在线放样坐标库中增加线之后选择放样线，确定后出现如图 10.27 所示的线放样界面。

在线放样界面中，当前点偏离直线的距离、起点距、终点距和当前点的里程（里程指的是从当前点向直线作垂线，至垂足点的里程）等信息（显示内容可以点击显示按钮，会出现很多可以显示的选项，选择需要显示的选项即可），其中偏离距中的左、右方向依据是当人沿着从起点到终点的方向走时在前进方向的左边还是右边，偏离距的距离则是当前点到线上垂足的距离。起点距和终点距有两种显示方式，一种当前点的垂足到起点或终点的距离，另一种指的是当前点到起点或终点的距离。当前点的垂足不在线段上时，显示当前点在直线外。

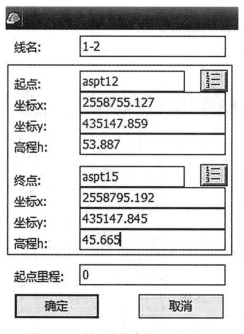

图 10.26　输入放样直线起止点坐标

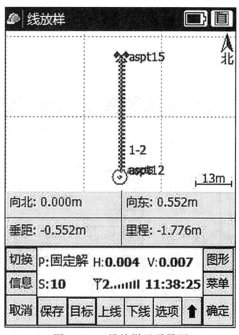

图 10.27　线放样显示界面

线放样界面中的虚线显示是可以设置的，点击"选项"按钮，进入线放样设置对话框如图 10.28 所示。

线放样设置和点放样的设置基本相似。整里程提示指的是当前点的垂足移动到所选择的整里程时会有提示音。

与点放样一样，直线放样也有上线和下线的快捷按钮，可以直接点击"上线"来放样当前放样线相邻的上一条直线，点击"下线"来放样当前放样线相邻的下一条直线（图 10.29）。

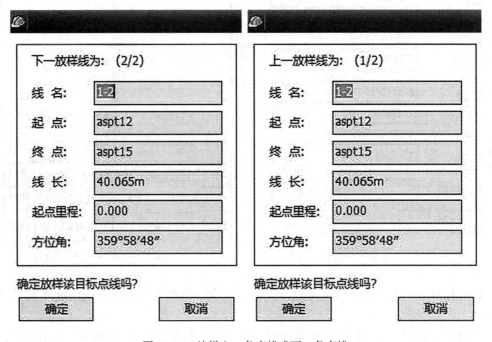

图 10.28 线放样选项设置

图 10.29 放样上一条直线或下一条直线

3. 线路放样

打开工程之星，在主界面点击"测量"→"线路放样"，在打开的界面中选择点击"目标"按钮，通过"打开"按钮，选择一个已经设计好的线路文件。

112

线路放样实际上是点放样的线路表现形式，即在点放样时以设计的线路图为底图，实时显示当前点在线路上的映射点（当前点距线路上距离最近的点）的里程和前进方向的左或右偏距，并实时计算当前点是否在线路范围内，如果在线路范围内，就计算出到该线路的最近距离和该点在线路上的映射点的里程；如果不在线路范围内，就给出提示。

10.3.7　成果导入导出

在作业之前，如果有测区的转换参数文件，可以直接导入。在点测量或放样完成后，要把测量成果根据成图软件要求，以不同的格式输出，这是需要利用工程之星的"文件导入导出"功能。

1. 文件导入

打开工程之星，在主界面点击"工程"→"文件导入导出"→"文件导入"，如图10.30所示。在导入文件类型的下拉选项框中选择要导入的参数的文件类型，主要有南方加密参数文件、天宝参数文件等。打开文件并选择要导入的参数文件，点击"确定"，点击"导入"则参数文件导入到了当前工程中。

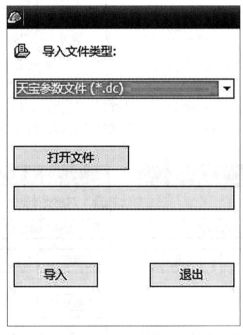

图 10.30　文件导入

2. 文件导出

打开工程之星，在主界面点击"工程"→"文件导入导出"→"文件导出"，如图10.31所示。

打开"文件导出"，在数据格式里面选择需要输出的格式，如果没有需要的文件格式，点击"自定义"（图10.32）。填入格式名和描述以及扩展名，在数据列表中依次选中导出的数据类型，点击"增加"，全部添加完之后点击"确定"则自定义的文件类型列于表中。说明：此处的编辑只能编辑自己添加的自定义的文件类型，系统固定的文件格式不能编辑。

图 10.31　文件导出

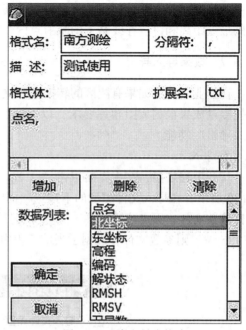

图 10.32　定义导出格式

选择数据格式后，单击"测量文件"，选择需要转换的原始数据文件，如图 10.33 所示。此时单击"成果文件"，输入转换后保存文件的名称，如图 10.34 所示。

图 10.33　打开测量文件　　　　　　　　　图 10.34　给定成果文件

最后单击"导出",则文件已经转换为所需要的格式。转换格式后的数据文件保存在
"\ Storage Card \ EGJobs \ 20100526 \ data \ "里面。将手簿和电脑连接,则可从该文件
夹下将测量的结果文件拷出。

10.4 南方灵锐 S86 RTK 操作

10.4.1 基准站的设置

按电源键开机,并在 5 秒内按 F1 或 F2 进行工作模式的选择,如图 7.14 所示。按 F1
选择"基准站模式",按电源键进入基准站模式,此时显示了"差分格式"、"发射间
隔"、"记录数据"(图 10.35)。如果不是第一次观测,相关参数在前期测量时已经设置
好,则直接按"开始"启动基准站,如果为第一次观测,一般要选择"修改"对相关参
数进行修改,进入参数设置接口,如图 10.36 所示。

图 10.35 基准站模式

图 10.36 基准站参数修改

按电源键分别进入"差分格式"、"发射间隔"、"记录数据"如图 10.37 所示。选择、
并设置相应的参数,之后返回图 10.35 所示界面,选择"开始"进入模块设置,如图
10.38 所示。选择"修改",确定后如图 10.39 所示。

按电源键可分别选择"内置电台"、"外接模块"、"GPRS 网络"、"CDMA 网络",如
图 10.40 所示。根据实际情况选择相应的模块。按电源键确定后进入下一步设置,下面

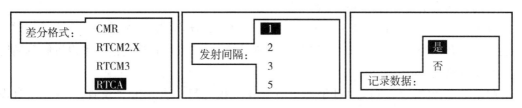

图 10.37 设置基准站参数界面

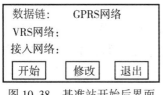

图 10.38 基准站开始后界面

图 10.39 模块设置界面

图 10.40 模块选择

分别介绍。

1. 内置电台模式设置

内置电台模式下主要设置参数为电台的"通道"，按下 F1 选择"通道"，按电源键选择相应的通道数，如图 10.41 所示。确认后进入电台设置完成界面，如图 10.42 所示，选择"开始"，电台模式设置完成。

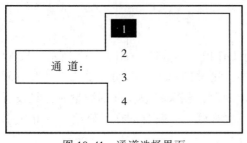 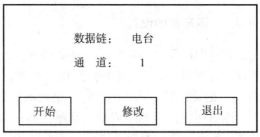

图 10.41　通道选择界面　　　　　　图 10.42　电台设置完成界面

2. 外接模块设置

使用外接电台时，选择此项。

3. GPRS 模式设置

从图 10.40 选择 GPRS 网络，确定后切换至 GPRS 设置完成界面，选择"开始"并按电源键设置完成。

4. CDMA 模式设置

从图 10.40 选择 CDMA 网络，确定后切换至 CDMA 设置完成界面，选择"开始"并按电源键设置完成。

10.4.2　流动站的设置

对流动站开机后在工作模式下选择"移动站模式"，按电源键确定后即可进入移动站的参数设置界面，设置步骤和基准站相同，需要特别强调的是，移动站的设置参数要和基准站相同，主要是差分格式和电台通道数。

也可以通过手簿设置流动站，主要设置差分格式；操作方法是先将手簿和主机通过蓝牙连接，打开工程之星，点击"设置"→"移动站设置"，在弹出的窗口中设置解算精度水平和差分格式。

移动站电台的设置可以通过手簿设置，在工程之星中，点击"设置"→"电台设置"，在弹出的对话框中可以读取或切换当前仪器的电台通道。

10.4.3　建立作业工程

打开工程之星，点击"工程"→"新建工程"输入作业名称，选择"向导"，点击"OK"进行参数设置，包括椭球设置、投影设置、四参数设置、七参数设置、高程拟合参数设置。

1. 椭球设置

单击"椭球系名称"后面下拉的按钮，选择工程所用的椭球，然后单击"下一步"，出现如图 10.43 所示界面。系统默认的椭球为北京 54，可供选择的椭球系还有国家 80、WGS-84、WGS-72 和自定义一共五种。如果选择的是常用的标准椭球系，例如北京 54，椭球系的参数已经按标准设置好并且不可更改；如果选择用户自定义，则需要用户输入自定义椭球系的长轴和扁率定义椭球。

　　输入设置参数后单击"确定"表明已经建立工程完毕；"上一步"，回到上一个界面；"下一步"，进入下一个界面；"取消"，取消工程的建立。

2. 投影参数设置

　　投影设置界面如图 10.44 所示，在"中央子午线"后面输入当地的中央子午线，然后再输入其他参数。在这里输入完之后，如果没有四参数、七参数和高程拟合参数，可以单击"确定"，则工程已经建立完毕。如果需要继续，请单击"下一步"，出现如图 10.45 所示四参数设置界面。

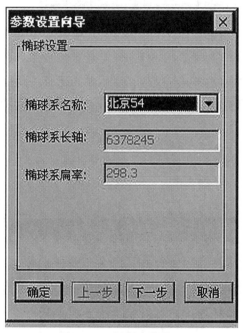

图 10.43　投影参数设置

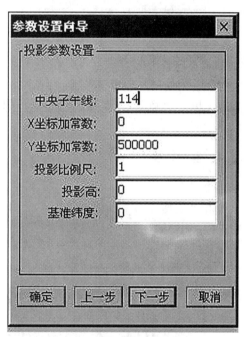

图 10.44　四参数设置

3. 四参数设置

　　如果需要使用四参数，先勾选"启用四参数"，输入已有的四参数，然后单击"下一步"继续。输入完之后如果单击"确定"，建立工程完毕。如果不使用四参数，直接单击"下一步"则出现如图 10.46 所示界面的七参数设置。

4. 七参数设置

　　如果需要使用七参数，先勾选"使用"，输入已有的七参数，然后单击"下一步"继续。输入完之后如果单击"确定"，则表明工程已经建立完毕。如果不需要使用七参数，直接单击"下一步"，出现如图 10.47 所示高程拟合设置界面。四参数和七参数不能同时使用，输入其中一种参数后，不要再输入另一种参数。

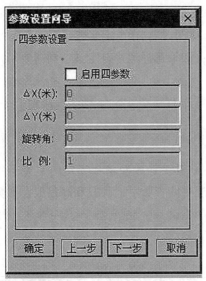

图 10.45　四参数设置　　　　　　　图 10.46　七参数设置

5. 高程拟合参数

如果需要使用高程拟合参数，先勾选"启用高程拟合参数"，然后输入已有的高程拟合参数，单击"确定"，工程建立完毕。如不需要则直接单击"确定"，工程建立完毕，可以开始使用。

10.4.4　坐标转换

1. 四参数计算

点击"工具"→"参数计算"→"计算四参数"，弹出如图 10.48 所示界面。点击"增加"按钮，添加 2 个以上控制点，添加控制点的方法与 10.3.4 节中相同。完成后点击"计算"即可计算出四参数。

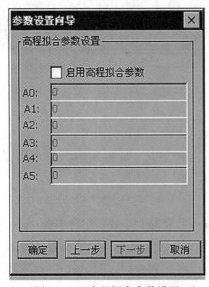

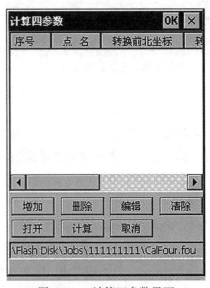

图 10.47　高程拟合参数设置　　　　　图 10.48　计算四参数界面

2. 七参数计算

与 10.3.4 节相似，在此不重复论述。

10.4.5 碎部点测量

当基准站、移动站设置完成后，数据链没有问题的情况下，解的状态为"固定解"时即可进行目标点测量，如图 10.49 所示。图中显示的符号由圆圈和三角两种显示方式，若天线位置静止不动，或移动的范围小于 2cm，则以带中心点的圆圈表示；当天线移动的时候，显示位置为三角形，三角形的锐角方向为移动的方向。点击菜单"测量"→"目标点测量"或在测量界面下快捷键按"A"键，弹出点存储对话框如图 10.50 所示，输出点号、天线高，点击"确定"保存该点。

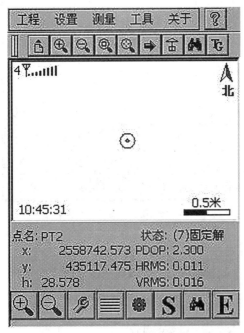

图 10.49　点测量界面

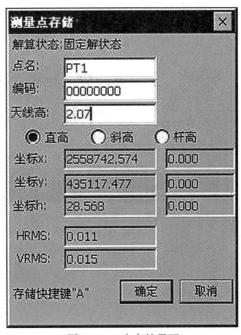

图 10.50　点存储界面

在"设置"→"其他设置"→"存储设置"中可以设置记录条件，包括一般存储、平滑存储、偏移存储、自动存储。每一项都有对应的参数需要设置，如平滑存储需要设置平滑的次数，自动存储需要设置自动存储的条件等。

10.4.6　放样

1. 点放样

工程之星主界面下选择菜单"测量"→点放样，进入放样屏幕如图 10.51 所示，点击下方文件选择按钮▦，打开放样点坐标库，如图 10.52 所示，选择需要放样的点即可。如果放样点库中没有要放样的点，可以点"增加"按钮，添加放样点。

在放样界面中显示了当前点（⯌）与放样点（⊗）之间的距离为 2598475.056m，

119

Dx 为南 2558742.572m，Dy 为东 435117.477m，根据提示进行移动放样。

在放样过程中，当前点移动到离目标点 0.9m 的距离以内时，软件会进入局部精确放样界面（图 10.53），同时软件会给控制器发出声音提示指令，在此界面中有三个半径分别为 0.9m、0.6m、0.3m 的圆，当前点位每进一个圆都会有一次提示音，精确局部放样的设置按钮为，点击其出现局部精确放样设置界面（图 10.54）。

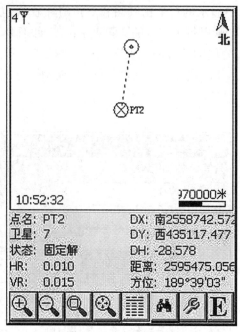

图 10.51　点放样界面

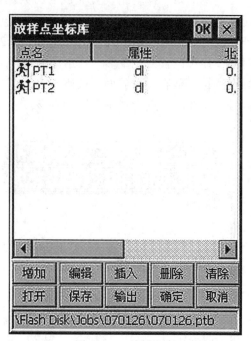

图 10.52　放样点库

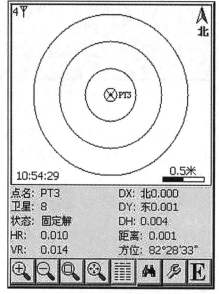

图 10.53　精放样界面

图 10.54　放样提示设置

此界面中的设置分为放样提示设置和放样显示设置。放样提示设置可设置放样圆的最小圆半径和最大圆半径以及放样时的声音提示。点放样圆的数量为最大值整除最小值的数量。放样显示设置可设置点的显示。

在放样界面下还可以同时进行测量，按下保存键 A 即可以存储当前点坐标。

在点位放样时使用快捷方式会提高放样的效率。在放样界面下按数字键 8 放样上一点，按下数字键 2 放样下一点，按数字键 9 为查找放样点。

2. 直线放样

在工程之星界面下点击菜单"测量"→"线放样"进入放样界面，点击界面下文件选择按钮▦，打开线放样坐标库如图 10.55 所示，放样坐标库的库文件为 ∗.lnb，选择要放样的线即可，如果没有要放样的线，点击"增加"（图 10.56），输入线的起点和终点坐标就可以在线放样坐标库中生成线文件。

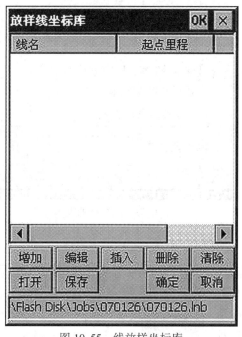

图 10.55 线放样坐标库

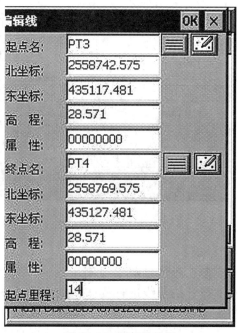

图 10.56 增加放样线

如果需要里程信息，在图 10.56 中可以输入起点里程，这样在放样时，就可以实时显示出当前位置的里程（这里里程的意思是从当前点向直线作垂线，至垂足点的里程）。在线放样坐标库中增加线，选择放样线并确定后，出现如图 10.57 所示的线放样界面。

在线放样界面中，显示了当前点偏离直线的距离、起点距、终点距和当前点的里程（里程指的是从当前点向直线作垂线，至垂足的里程）等信息，其中偏离距中的左、右方向依据是沿着从起点到终点的方向走时在前进方向的左边还是右边，偏离距的距离则是当前点到线上垂足的距离。起点距和终点距有两种显示方式，一种是当前点的垂足到起点或终点的距离，另一种是指的是当前点到起点或终点的距离。DX、DY 显示的是当前点和其相对于线段的垂足之间的距离。当前点的垂足不在线段上时，显示当前点在直线外。

线放样界面中的虚线显示是可以设置的，点击▦，进入线放样设置对话框如图 10.58

所示。

线放样设置也分为提示设置和显示设置。提示设置中的最小值是离放样直线最近的两条平行虚线的距离，最大值是指离放样直线最远的两条平行虚线的距离。平行虚线的数量为最大值除最小值结果的整数部分。整里程提示指的是当前点的垂足移动到所选择的整里程时会有提示音。

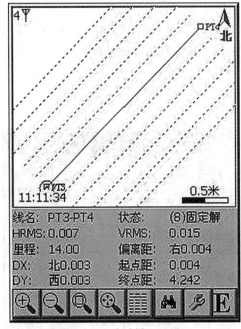

图 10.57　线放样显示界面

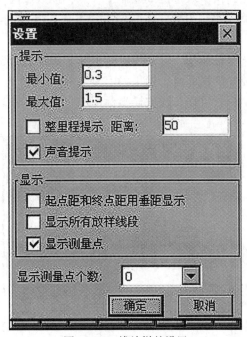

图 10.58　线放样的设置

3. 曲线放样

点击工程之星菜单"测量"→"曲线放样"即可对设计的曲线进行放样。曲线一般包含了直线段部分、圆曲线段部分、缓曲线段部分。曲线放样实际上是根据设计要求分别计算直线段上的点、圆曲线上的点、缓曲线上的点，并可对线上加桩放样的线路表现形式，在此不做详细论述。

10.4.7　成果导出

在工程之星主界面点击菜单"项目"→"文件输出"，弹出如图 10.59 所示界面，在此界面下选择输出的文件格式，选择原始的测量文件，给定要保存的文件路径、名称，点击"转换"可以将测量文件转换为所需要的文件格式，将手簿和电脑相连，在工程文件夹下拷出数据即可。

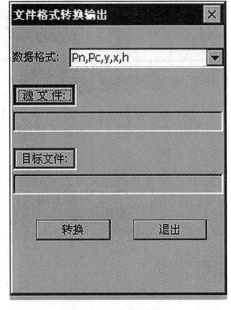

图 10.59　文件输出

10.5 星海达 iRTK 接收机

10.5.1 基准站的设置

将接收机工作模式设置为基准站（操作方法如 7.3.3 节），并设置相应的通讯数据链、频道等。也可采用手簿进行操作，将主机和手簿相连，打开 iRTK Road 软件，点击主界面上的"GPS"→"设置基准站"，如图 10.60 所示。在界面下方分别需要设置位置、数据链、其他。

1. 位置

如图 10.60 所示，如果基准站架设在已知点上，则输入相应的坐标，如果架设在未知点上，则使用平滑获取当前未知的大致坐标。

2. 数据链

如图 10.61 所示，设置基准站和移动站之间的通讯模式及参数，包括"内置电台"、"内置网络"、"外部数据连"，其中"内置网络"又包括"GPRS"，"GSM"，"CDMA"，一般常用电台、GPRS 进行与移动站的通信。基准站使用内置网络功能时，点击右端网络模式选择菜单选择网络类型（GPRS，CDMA，GSM 其中一种）。各选项说明如下：

图 10.60 基准站位置设置

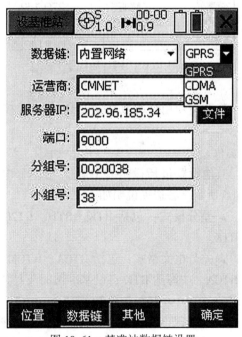

图 10.61 基准站数据链设置

> "运营商"：用 GPRS 时输入"CMNET"，用 CDMA 时输入"card，card"。
> "服务器 IP"：输入服务器 IP。
> 端口号，也可以从"文件"提取，弹出如图 10.62 所示界面。可以从列表中选取所需要的服务器（注：中海达网络服务器地址为 202.96.185.34 端口号 9000）。

➢ 分组号和小组号：分别为 7 位数和 3 位数，小组号要求小于 255，基准站和移动站需要设置一致才能正常工作。

基准站使用内置电台功能时：只需设置数据链为内置电台、设置频道，如图 10.63 所示，选择频道数。

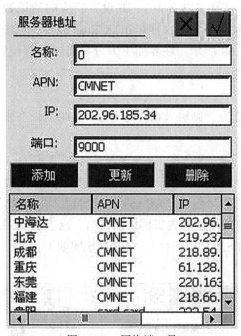

图 10.62　网络端口号

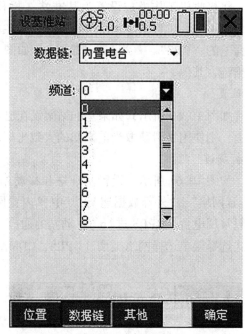

图 10.63　内置电台

基准站使用外部数据链功能时：可接外挂电台，进行直通模式试验，如图 10.64 所示。

3. 其他

其他设置包括设定差分模式与差分电文格式、GPS 截止角、天线高等参数，如图 10.65 所示。各选项说明如下：

➢ 差分模式：包括 RTK、RTD、RT20，默认为 RTK，RTD 表示码差分，RT20 为单频 RTK。

➢ 差分电文格式：包括 RTCA、RTCM（2.X）、RTCM（3.0）、CMR、NovAtel，默认为 RTCA。中海达 RTK 自设基准站时支持 RTCA、CMR 格式，连接 VRS 时支持所有上述格式。

➢ GPS 截止角：表示 GPS 接收卫星的截止角，可在 5 至 20° 之间调节。

➢ 天线高：点击天线高按钮可设置基准站的天线类型、天线高（注：一般情况下所量天线高为斜高，强制对中时可能用到垂直高，千万别忘记输入）。

➢ 确定：一般所有基准站参数设置完成后点击"确定"，软件会弹出对话框提示设置成功或设置失败，如果设置成功，检查基准站主机是否正常发送差分信号，如果失败，重复点击几次，检查参数是否设置错误。

图 10.64　外部数据链　　　　　　　　　　图 10.65　基准站其他设置

10.5.2　流动站的设置

设置移动站主要设定移动站的工作参数，包括移动站数据链等参数，移动站的设置与基准站的设置类似，只是输入的信息不同。

1. 移动站数据链

用于设置移动站和基准站之间的通信模式及参数，包括"内置电台"、"内置网络"、"外部数据链"，其中内置网络又包括"GPRS"、"GSM"、"CDMA"，常用"电台"、"GPRS 无线网络"进行与移动站的通信。

移动站使用内置网络功能时（图 10.66），数据链选择内置网络，点击右端网络模式选择菜单选择网络类型（GPRS、CDMA、GSM 其中一种），说明如下：

➢ 运营商：用 GPRS 时输入"CMNET"，用 CDMA 时输入"card，card"。

➢ 服务器 IP：手工输入服务器 IP，端口号，也可以点击"文件"提取，如图 10.67 所示，可以从列表中选取所需要的服务器（注：中海达网络服务器地址为 202.96.185.34 端口号 9000）。

➢ 分组号和小组号：分别为 7 位数和 3 位数，小组号要求小于 255，基准站和移动站需要设成一致才能正常工作。

➢ 网络：包括 ZHD 和 CORS，如果使用中海达服务器时，使用 ZHD，接入 CORS 网络时，选择 CORS。

➢ 连接 CORS：网络选择 CORS，输入 CORS 的 IP，端口号，（图 10.68），也可以点击"文件"提取，点击右边的"设置"按钮，弹出"CORS 连接参数"界面如图 10.69 所示，点击"节点"可获取 CORS 源列表，选择"源列表"，输入"用户名"，"密码"，点击"测试"可测试是否接收到 CORS 信号，如果接收到数据，点击"√"完成。

➢ 点击图 10.66 界面中其他，选择差分电文格式，当连接 CORS 网络时，需要将移动站位置报告给计算主机，以进行插值获得差分数据，若您正在使用此类网络，应该根据需要，选择"发送 GGA"，后面选择发送间隔，时间一般默认为"1"秒。

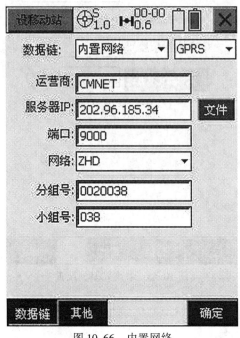

图 10.66　内置网络

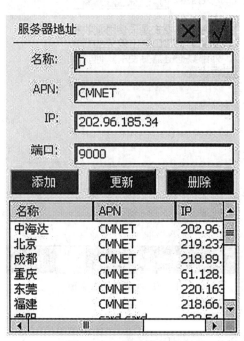

图 10.67　服务器地址

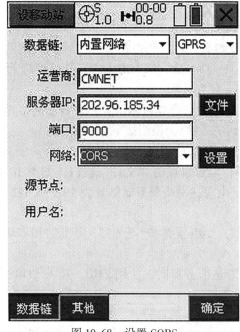

图 10.68　设置 CORS

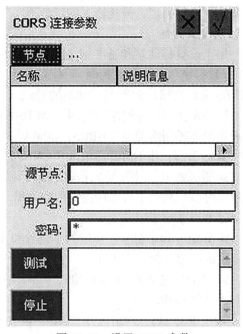

图 10.69　设置 CORS 参数

➤ 内置电台：只需设置数据链为内置电台，修改电台频道如图 10.70 所示，电台频道必须和基准站一致；

➢ 外部数据链：如图 10.71 所示，可接进行直通模式试验。

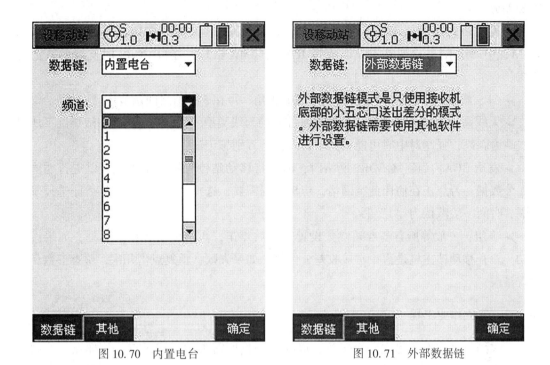

图 10.70　内置电台　　　　　图 10.71　外部数据链

2. 移动站其他选项

其他选项包括设定差分模式与差分电文格式、GPS 截止角、天线高等参数，如图 10.72 所示。

图 10.72　移动站其他设置

➢ 差分模式：包括 RTK、RTD、RT20，默认为 RTK，RTD 表示码差分，RT20 为单频 RTK 差分。

➢ 电文格式：包括 RTCA、RTCM（2.X）、RTCM（3.0）、CMR、NovAtel，默认为 RTCA；中海达 RTK 自架基准站时支持 RTCA、CMR 格式，连接 CORS 时支持所有上述格式。

➢ GPS 截止角：表示 GPS 接收卫星的截止角，可在 5~20° 之间调节。

➢ 天线高：点击天线高按钮可设置基准站的天线类型、天线高（注：一般情况下所量天线高为斜高，强制对中时可能用到垂直高，千万别忘记输入）。

➢ 发送 GGA：当连接 CORS 网络时，需要将移动站位置报告给主机，以进行插值获得差分数据，若您正在使用此类网络，应该根据需要，选择"发送 GGA"，后面选择发送间隔，时间一般默认为"1"秒。

➢ 确定：一般等所有基准站参数设置完成后点击，点击完会弹出提示框，如果设置成功，检查移动站主机是否正常接收差分信号，如果失败，重复点击几次，检查参数是否设置错误。

10.5.3　建立作业工程

正式测量之前需要建立一个工程，以存储测量所需参数、记录点、放样点、控制点等。建立方法是打开 Hi-RTK Road 软件，点击"项目"→"新建"，给定项目的名称，系统自动生成对应名称的文件夹，如图 10.73 所示。

图 10.73　建立工程

在图 10.72 中除了新建以外，还有"打开"已有工程，"删除"工程和"套用"某个工程，套用的含义是使用原有项目的参数来建立新的项目。

10.5.4 坐标转换

1. 坐标系统

在 Hi-RTK Road 软件主界面点击"参数"进入参数设置模块，首先设置"坐标系统"，一般主要设置"椭球"（图 10.74）和"投影"（图 10.75）这两项。

图 10.74 椭球设置

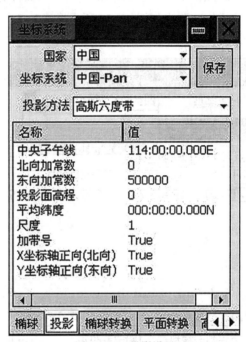

图 10.75 投影设置

各选项详细说明如下：

➤ 国家：内置世界各国国名，可根据您的所在地进行选择，默认为中国。

➤ 坐标系统：可修改成您所需要的坐标系统名称，建议使用项目名做坐标系统名，格式为：国家名-坐标系名。

➤ 源椭球：一般为 WGS-84，其中参数：a 表示长半轴，1/f 表示扁率的倒数。

➤ 当前椭球：内置世界各国常用的椭球参数，表示您当前地方坐标系统使用的椭球体，如果使用的是自定义坐标系（例如：$X=10000$，$Y=5000$，$H=100$），则当前椭球选择默认北京 54 即可。

➤ 投影方法：内置各国常用投影方法：包括：高斯投影、墨卡托、兰勃托等投影方式（注：我国用户建议使用自定义高斯投影，在下方的投影参数中，只需要更改中央子午线经度）。

对于"椭球转换"和"平面转换"可以选择对应的转换模型，并输入转换参数，由于不同地方或不同测区所对应的转换参数都不一样，所以转换参数一般需要测区内的控制点进行求解。

2. 参数求解

在如图 10.73 所示的"参数"主界面下，点击左上角菜单"坐标系统"弹出坐标转换采用的方法，包括，"参数计算"（实际为四参数+高程拟合）"四参数计算"、"高程拟合"、"点校验"、"点平移"。一般直接选择"参数计算"即可，在测区内选择两个以上控制点完成参数计算。方法如下：

➤ 点击菜单"坐标系统"→"参数计算"弹出如图 10.76 所示界面，点击左下角按钮"添加"弹出如图 10.77 所示界面。

图 10.76　参数计算界面

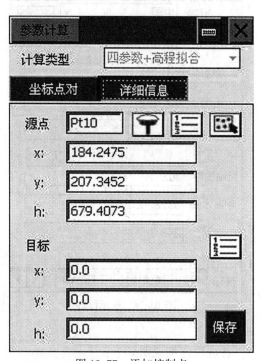

图 10.77　添加控制点

➤ 输入源坐标、目标坐标，点击"保存"。重复以上操作，将所有控制点全部添加进来，完成后点击水平滚动条可以查看每个点的残差值。

➤ 点击"解算"完成参数解算，并弹出如图 10.78 所示界面，点击"运用"将参数赋值给坐标系统中。

➤ 在"平面转换"中查看参数是否正确，如图 10.79 所示。使用四参数时，尺度参数一般都非常接近 1，约为 1.000x 或 0.999x；使用三参数时，三个参数一般都要求小于 120；使用七参数时，七个参数都要求比较小，最好不超过 1000。

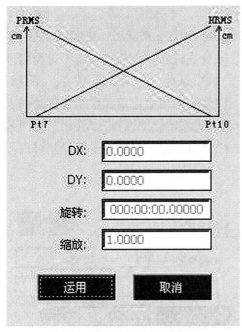

图 10.78　参数计算结果

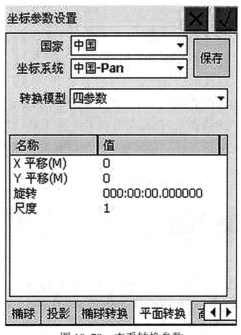

图 10.79　查看转换参数

10.5.5　碎部点测量

建立工程并完成参数设置后即可进行点测量，在主界面上点击"测量"按钮，进入测量界面，如图 10.80 所示，在"解状态"为"固定"的情况下就可以保存点的坐标。

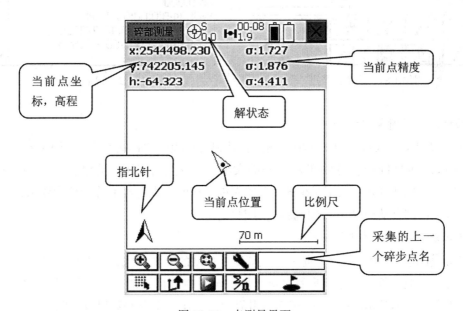

图 10.80　点测量界面

对点的记录有三种方式，分别为手动记录、自动记录、平滑记录。

1. 手动记录

到达测量位置后，根据界面上显示的测量坐标及其精度，解状态，决定是否进行采集点，一般在 RTK 固定解时，点击 ♣ 手动记录点，软件先进行精度检查，若不符合精度要求，会提示您是否继续保存（图 10.81），点击"OK"保存，"Cancel"放弃。保存时需要输入点的相关信息（图 10.82），点名前缀是上次使用的历史记录，点编号自动+1；输入"天线高"，也可点击"天线高（米）"进行天线类型的详细设置，"注记"处可输入注记信息（注：如果您是采集横断面，请勾上里程作为注记，一般碎步测量则可以不打钩）。

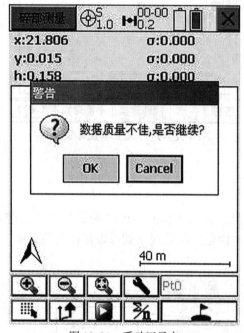

图 10.81　手动记录点

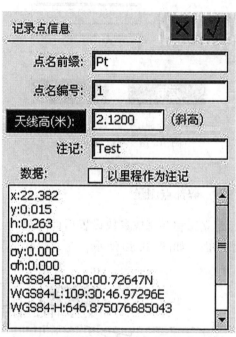

图 10.82　记录点信息

2. 自动记录（按时间/距离）

点击 ▶ 自动进入自动记录选项，输入自动记录过程中的自动类型（图 10.83）（包括按平距间隔、时间间隔、斜距间隔）、间隔大小，以及点名使用的前缀、编号、描述信息等；确定后，软件进入自动记录模式，软件先进行精度检查（若不符合精度要求，不会提示，若满足，则自动记录），点击 ▣ 可关闭自动记录。

3. 平滑记录（多个历元平均）

点击 ⅗ 进行平滑记录。这是一个提高测量精度的简单方式，按照误差理论，误差发生在任意方向上，所以若有足够多的观测量，误差会自行抵消（但只是理论，实际上不意味着平滑次数越多精度越高）。进入平滑界面后，输入平滑次数以及超时限制（也可以点击"×"，强行取消），点击开始后，软件开始记录点，并同步显示当前点位；平滑结束后，软件自动对数据进行质量分析，计算其标准差（中误差）并显示。

计算出的中准差与测量中误差理论上是一样的；但是由于平滑过程是小样本采集，估计出来的中误差可能会小于实际测量误差。

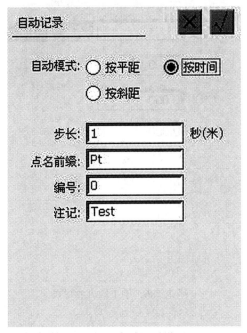

图 10.83　自动记录设置　　　　　　　　　图 10.84　平滑记录设置

10.5.6　放样

1. 点放样

在"测量"主界面下，点击左上角下拉菜单，进入点放样界面（图 10.85），点击 ➡，进入选点界面。点放样提供三种方式进行点的定义，包括直接输入、从坐标库选择、从图形上选择（也可以直接点击 ▦ 从图上选点放样），分别如图 10.86、图 10.87、图 10.88 所示。选择某一点后，即可进入点放样界面。界面中显示了当前位置到目标点的距离、高差等，也可以通过设置显示其他的信息。

2. 线放样

线放样是简单的局部线形放样工具如图 10.89 所示。软件提供三种基本线形的放样：直线、圆弧、缓和曲线。直线定义可以是两点定线或者一点加方位角；圆弧及缓和曲线的定义使用的是统一曲线元模型。为了统一概念，一条线段的放样就是一条线路的放样，放样的每一个点，其位置都是由里程数唯一索引的。

通常线放样首先需选择线型。

点击 ▤ 定义线段数据/调入道路数据文件，弹出如图 10.90 所示界面，共包括三种线型：分别为直线、圆弧、缓和曲线，下面就每种线型分别介绍。

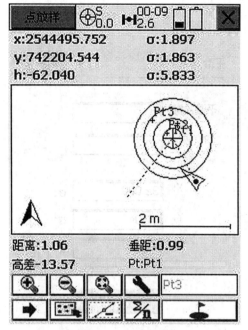

图 10.85　点放样界面

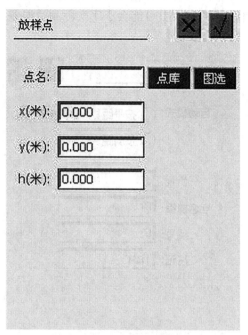

图 10.86　手工输入放样点

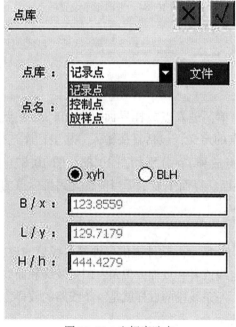

图 10.87　坐标库选点

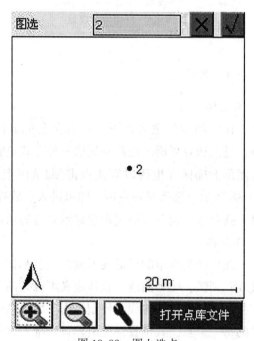

图 10.88　图上选点

（1）定义线型（以直线为例）。点击图"直线"按钮，进入直线参数定义菜单定义直线，如图 10.91 所示，软件提供了两种方式，分别为"两点定线"和"一点+方位角"，如果选择"两点定线"，需点击"点库"，从点库中提取两个点坐标，输入起点里程；如

134

果选择"一点+方位角",则只需要从点库中提取出一点的坐标,输入直线的方位角以及起点里程,点击"√"完成并返回线放样界面。

在如图 10.89 所示的界面上,点击左下角➡(下一点/里程),输入待放样点的里程(图 10.92),其中里程、边距会根据增量自动累加,点击"√"进入放样界面。

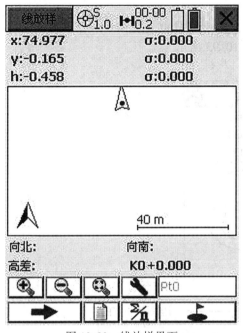

图 10.89　线放样界面

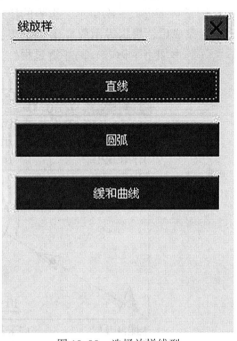

图 10.90　选择放样线型

图 10.91　定义直线

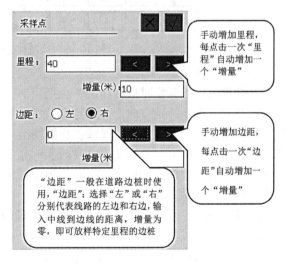

图 10.92　定义放样点

计算放样点位置,输入里程数(若有必要,可计算边桩);图 10.92 中的"向左"、"向右"符号可调整里程数,单位调整量就是增量;这些数据是记录在全局变量的,每次进入界面,软件会自动计算一个里程/边桩作为默认,以省工时;例如要每隔 10 放样一个桩，那么将增量设置为10；开始放样点的里程是"1850"，结束第一点的放样后，再次进入这个界面，软件会自动计算里程为"1860"；直接点击确认即可进行后继放样工作。图10.92中参数含义如下：

➤ 里程：当前放样点的里程。

➤ 边距：面向里程递增方向，当前点离定义线段的垂线的距离。

➤ 增量：每进入一次菜单，里程的增加值。

设置完成后，根据提示放样出指定里程点。放样过程就是当前点（三角形标志）到目标点（圆形加十字标志）的靠近过程，如图10.93所示。

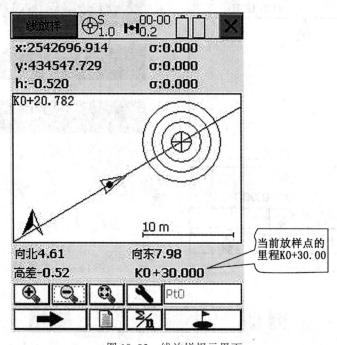

图10.93　线放样提示界面

注：软件可以打开实时里程功能，会把当前位置点投影到线路上，显示投影点的里程数，这样有利于判断行走方向。如果打开了实时里程功能，则会在图幅的左上角显示当前里程，并且绘制其与当前点的连接线，在线路上绘制一个小圆点标明其投影位置；实时里程也用于判断行走的方向是否正确（比较实时里程数和放样点里程，及其增加方向）。也可以在配置中打开放样声音提示：当到达预设提示范围和到达放样精度时，手簿会发出不同的提示音进行提示。

（2）定义圆弧、缓和曲线。点击▤定义线段数据/调入道路数据文件，选择圆弧或缓和曲线定义相应的线型（图10.94、图10.95）。各选项说明如下：

圆弧主要定义：①起点：可从坐标点库提取，点击坐标点库，从坐标点库中选择相应的点；②起点方位角：指起点的切线的方位角；③半径：指圆弧的半径；④起点里程：一般为数值，如果施工图上显示为："10+256.1"则起点里程应该输成10256.1；⑤线元长：指圆弧的长度；⑥偏转方向：顺着圆弧前进的方向，向左为左偏，向右为右偏。

缓和曲线的定义：①起点半径：缓和曲线起始点的半径，勾上"∞"表示直线；②终点半径：缓和曲线终点的半径，勾上"∞"表示直线。

定义好线型后点击"√"即可进入放样界面，放样功能和直线类似。

图 10.94　圆弧的定义　　　　　　　　　图 10.95　缓和曲线定义

10.5.7　成果导出

碎部点的导出首先需要进行格式转换，用 Hi-RTK Road 软件打开需要导出记录点的工程，点击左上角菜单"项目信息"→"记录点库"打开测量的记录点库，如图 10.96 所示。在界面下方选择导出的文件格式，给定保存的文件名称，点击"确定"即可完成数据格式的转换。然后将手簿和电脑连接，用同步软件打开，如图 10.97 所示，在界面上点击"浏览"即可将转换后的数据拷贝出来。

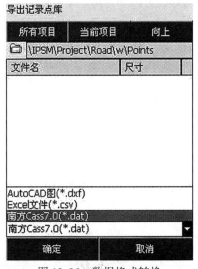

图 10.96　数据格式转换　　　　　　　　图 10.97　浏览拷贝数据

参 考 文 献

[1] 潘正风，程效军，成枢等．数字测图原理与方法 ［M］．2 版．武汉：武汉大学出版社，2004．

[2] 高井祥，张书毕，于胜文等．数字测图原理与方法 ［M］．徐州：中国矿业大学出版社，2001．

[3] 孔祥元，郭际明，刘宗泉．大地测量学基础 ［M］．武汉：武汉大学出版社，2006．

[4] 潘正风，杨正尧，程效军等．数字测图原理与方法习题和实验 ［M］．武汉：武汉大学出版社，2005．

[5] 花向红，邹进贵．数字测图实验与实习教程 ［M］．武汉：武汉大学出版社，2009．

[6] 拓普康（北京）科技有限公司．拓普康全站型电子速测仪．

[7] 南方测绘仪器有限公司．南方全站仪 NTS-360 系列操作手册．

[8] 刘基余．GPS 卫星导航定位原理与方法 ［M］．北京：科学出版社，2007．

[9] 李征航，黄劲松．GPS 测量与数据处理 ［M］．2 版．武汉：武汉大学出版社，2010．

[10] 南方测绘仪器有限公司．灵锐 S86 产品说明书．2007．

[11] 南方测绘仪器有限公司．南方 GPS 应用软件系列——工程之星用户手册（第三版）［M］．2007．

[12] 广州中海达卫星导航技术股份有限公司．海星达 iRTK 系列产品使用说明书 ［M］．2012．

[13] 广州中海达卫星导航技术股份有限公司．中海达 Hi-RTK 手簿软件使用说明书 ［M］．2013．